FORSCHUNGSBERICHTE
DES WIRTSCHAFTS- UND VERKEHRSMINISTERIUMS
NORDRHEIN-WESTFALEN

Herausgegeben von Ministerialdirektor Prof. Leo Brandt

Nr. 44

Arbeitsgemeinschaft für praktische Dehnungsmessung, Düsseldorf

Eigenschaften und Anwendungen von Dehnungsmeßstreifen

Als Manuskript gedruckt

WESTDEUTSCHER VERLAG / KÖLN UND OPLADEN

1953

ISBN 978-3-663-03580-0   ISBN 978-3-663-04769-8 (eBook)
DOI 10.1007/978-3-663-04769-8

Forschungsberichte des Wirtschafts- und Verkehrsministeriums Nordrhein-Westfalen

Gliederung

A. Einführung	S. 5
B. Eigenschaften und Handhabung technischer Dehnungsmeßstreifen	S. 6
I. Meßeinrichtung	S. 6
II. Spezifische Eigenschaften technischer Dehnungsmeßstreifen	S. 8
a) Empfindlichkeit	S. 8
b) Linearität und Hysterese	S. 11
c) Obere Dehngrenze	S. 14
d) Temperatureinwirkung	S. 14
e) Dauerstandvermögen	S. 16
f) Dauerschwingvermögen	S. 17
III. Handhabung technischer Dehnungsmeßstreifen	S. 17
a) Kleben	S. 17
b) Feuchtigkeitsschutz	S. 20
IV. Vor- und Nachteile technischer Dehnungsmeßstreifen	S. 21
C. Entwicklung von Meßgeräten für Dehnungsmeßstreifen	S. 22
I. Geräte zur Messung statischer Dehnungen	S. 22
II. Geräte zur Messung kombiniert statisch + dynamischer Dehnungen	S. 24
III. Hilfsgeräte	S. 25
a) Isolationsmeßgeräte für Dehnungsmeßstreifen	S. 25
b) Registriergeräte	S. 25
D. Praktische Messungen mit Dehnungsmeßstreifen	S. 28
I. Messung ruhender Beanspruchungen	S. 28
a) Dehnungsmessungen an zwei Laugetürmen	S. 28
b) Dehnungsmessungen an zwei Freileitungsmasten	S. 33
c) Dehnungsmessungen an einer Rheinbrücke	S. 34
d) Walzdruck- und Walzarbeitsmessungen beim Kaltwalzen von Bandstahl	S. 36
II. Messung zeitlich veränderlicher Beanspruchungen	S. 40
a) Nachprüfung der Lastanzeige von Dauerschwingprüfmaschinen	S. 40
b) Dehnungs- und Zugkraftmessungen an einer Verladebrücke	S. 45
c) Kraftmessungen an einer Streckmetallstanze	S. 48
d) Kraftmessungen an einer Rohrstoßbank	S. 51
E. Schlußbemerkungen	S. 54
Literaturverzeichnis	S. 56

Forschungsberichte des Wirtschafts- und Verkehrsministeriums Nordrhein-Westfalen

A. Einführung

Nach dem Kriege wurde im Max-Planck-Institut für Eisenforschung, Düsseldorf, die Entwicklung von Dehnungsmeßstreifen für die Bestimmung der Dehnung an Bauteilen, insbesondere auch bei schnell ablaufenden Beanspruchungsvorgängen aufgenommen, nachdem aus einzelnen spärlichen Nachrichten aus den USA und aus England bekannt geworden war, daß diese Meßstreifen im Ausland bereits in erheblichem Umfange für die verschiedensten Aufgaben eingesetzt worden waren. Die ersten Veröffentlichungen des Instituts (1)(2)(3) über diese Arbeiten fanden ein lebhaftes Echo; im Sommer 1950 schlossen sich daher der Verein Deutscher Maschinenbauanstalten, der Deutsche Stahlbauverband, das Materialprüfungsamt Dortmund und das Max-Planck-Institut für Eisenforschung gemeinsam mit der Abteilung Forschung und Technik des Wirtschaftsministeriums des Landes Nordrhein-Westfalen zu einer Arbeitsgemeinschaft für praktische Dehnungsmessung zusammen, deren Ziel es sein sollte, die deutsche Fachwelt auf die Möglichkeiten des Dehnungsmeßstreifens hinzuweisen. Hierzu dienten zwei Vortragstagungen, die mit dem Titel "Grundlagen und Anwendungen des Dehnungsmeßstreifens" und "Experimentelle Spannungsanalyse" am 25./26. Juli 1951 bzw. am 7./8. Oktober 1952 stattfanden. Die 19 Beiträge der ersten Tagung wurden vom Verlag Stahleisen als Broschüre veröffentlicht (4). Ausführliche Schrifttumshinweise sind dort enthalten. Die Drucklegung der 12 Beiträge zur Tagung "Experimentelle Spannungsanalyse" befindet sich in Vorbereitung (5). Weiterhin wurden im Rahmen der Arbeitsgemeinschaft für praktische Dehnungsmessung vom Institut folgende Aufgaben übernommen:

1) Untersuchung der Eigenschaften und Handhabung technischer Dehnungsmeßstreifen, die auf dem deutschem Markt erhältlich waren.

2) Entwicklung von Meßgeräten für Dehnungsmeßstreifen gemeinsam mit der deutschen Meßgeräteindustrie.

3) Praktische Messungen mit Dehnungsmeßstreifen zur Erprobung technischer Meßstreifen und Meßgeräte im rauhen Betrieb.

Über die Ergebnisse dieser vom Max-Planck-Institut für Eisenforschung durchgeführten Arbeiten wird im folgenden berichtet. Diese Arbeiten haben z.T. ihren Niederschlag in einer Reihe von Veröffentlichungen gefunden (6)-(18).

Forschungsberichte des Wirtschafts- und Verkehrsministeriums Nordrhein-Westfalen

B. Eigenschaften und Handhabung technischer Dehnungsmeßstreifen

Die Eigenschaften und die Handhabung technischer Dehnungsmeßstreifen sind bisher im wesentlichen nur in den Werbeschriften der Lieferfirmen behandelt. Es lag daher nahe, die darin enthaltenen Mitteilungen einer kritischen Nachprüfung zu unterziehen. Trotz des einfachen Aufbaues des Dehnungsmeßstreifens ist es nur schwer möglich, die damit gestellte Aufgabe erschöpfend zu behandeln. Die vorliegende Untersuchung muß sich daher auf einige wichtige Eigenschaften des Dehnungsmeßstreifens beschränken.

So wurden die technischen Dehnungsmeßstreifen vor allem auf ihre Empfindlichkeit, d.h. auf das Verhältnis von relativer Widerstandsänderung zur Dehnung, kurz k-Faktor genannt, auf die Linearität der Anzeige, auf mögliche Hystereseerscheinungen bei Umkehr der Beanspruchungsrichtung sowie auf ihre obere Dehngrenze untersucht. Außerdem wurde der Einfluß von Temperaturänderungen festgestellt. Wichtig war ferner das Verhalten der Dehnungsmeßstreifen bei Dauerstand- und Dauerschwingbeanspruchung. Schließlich wurden Erfahrungen über die Handhabung von Dehnungsmeßstreifen, d.h. Versuchsergebnisse beim Kleben und Trocknen, gesammelt sowie Fragen des Feuchtigkeitsschutzes behandelt.

Bei den zur Zeit handelsüblichen Dehnungsmeßstreifen lassen sich zwei Gruppen unterscheiden: Dehnungsmeßstreifen mit Papier als Drahtträger, im folgenden mit DMP bezeichnet, wie sie z.B. von der Firma Philips in Eindhoven hergestellt werden (Abb. 1), und Dehnungsmeßstreifen, deren Meßdrähte in einem Lackträger eingebettet sind, im folgenden mit DML bezeichnet; sie werden z.B. von der Firma Huggenberger in Zürich gefertigt. Für die folgenden Untersuchungen standen zur Verfügung: Philips-Dehnungsmeßstreifen von 600 Ohm und 24 mm Meßlänge, Typ GM 4472, aufgeklebt mit Klebstoff GM 4479, und Huggenberger-Meßstreifen TEPIC B 2 von 350 Ohm und 21 mm Meßlänge, aufgeklebt mit Klebstoff TEPIC Zement M.

I. Meßeinrichtung

Zur Untersuchung der Dehnungsmeßstreifen wurde die in Abb. 2 wiedergegebene Wheatstonesche Brücke gebaut. R_1 ist der aktive, R_2 der auf gleichem Werkstoff aufgeklebte Blindgeber. R_6 diente zur Einstellung des Brückengleichgewichtes im unbelasteten Zustand, während mit dem Präzisions-Kurbelwiderstand R_5 bei einer Änderung des Widerstandes des aktiven

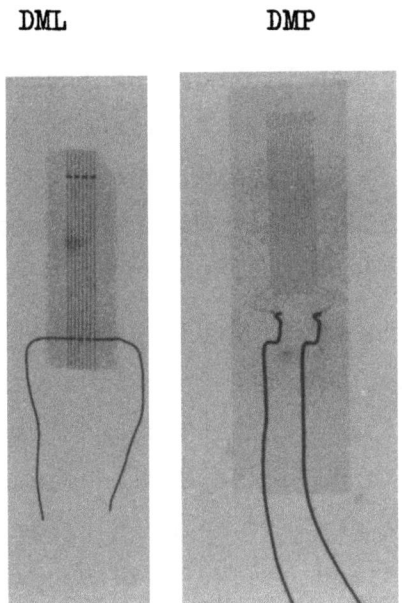

DML   DMP

Lack als   Papier als
Träger   Träger

A b b i l d u n g   1

Ausführungsformen von Dehnungsmeßstreifen

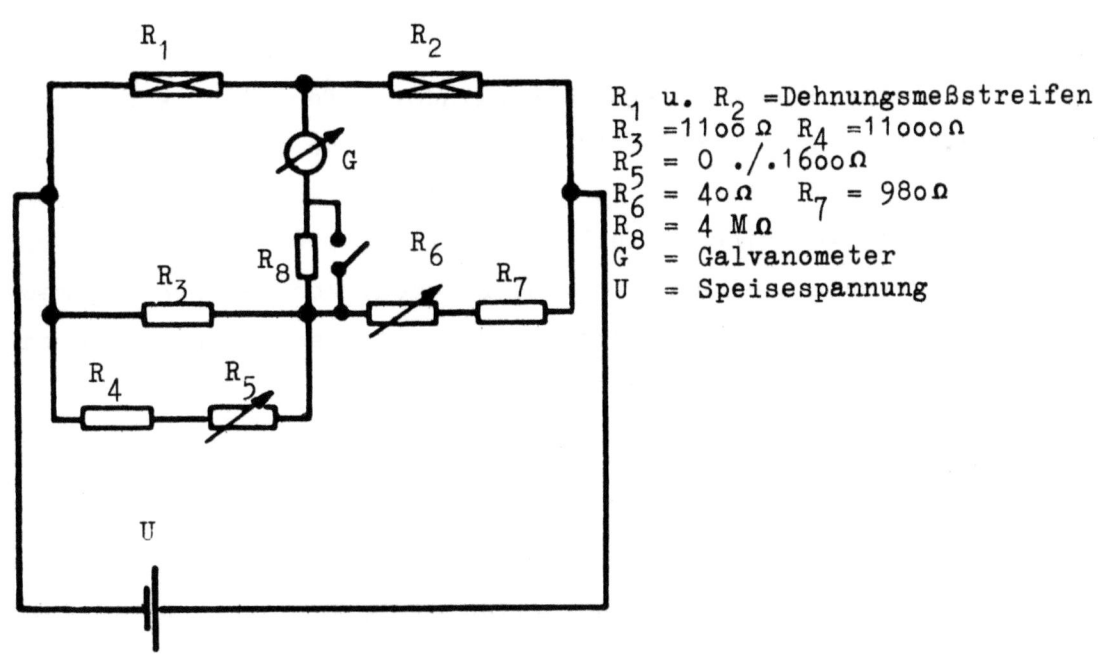

R_1 u. R_2 = Dehnungsmeßstreifen
R_3 = 1106 Ω R_4 = 11000 Ω
R_5 = 0 ./. 1600 Ω
R_6 = 40 Ω R_7 = 980 Ω
R_8 = 4 MΩ
G = Galvanometer
U = Speisespannung

A b b i l d u n g   2

Schaltschema der Widerstandsmeßbrücke

Meßstreifens das Brückengleichgewicht feinfühlig wiederhergestellt werden kann. Die Werte für die relative Widerstandsänderung $\frac{\Delta R}{R}$ als Funktion von R_5 wurden einer gemessenen Eichkurve entnommen, die innerhalb 1 ‰ mit der berechneten übereinstimmte. R_8 ist ein Schutzwiderstand für das Lichtmarkengalvanometer G der Empfindlichkeit 5×10^{-9} A/mm mit einem Innenwiderstand von etwa 5 000 Ohm. Die Brückenspannung U betrug etwa 10 V; sie wurde einem Netzgerät entnommen.

Zur Ermittlung der relativen Widerstandsänderung des Meßstreifens als Funktion seiner Dehnung mußte der Meßstreifen einer genau bestimmten Dehnung unterworfen werden. Statt des üblichen Biegestabes wurden deshalb Probestäbe von 10 mm Dmr. und 100 mm Meßlänge aus einem hochvergüteten Chrom-Nickel-Wolfram-Stahl gewählt, die in einer 10-t-Prüfmaschine mit mechanischem Antrieb elastisch bis zu etwa 100 kg/mm^2 beansprucht werden konnten.

Auf zwei gegenüberliegenden Seiten der Probestäbe wurde in Richtung der Längsachse je einer der zu untersuchenden Dehnungsmeßstreifen aufgeklebt. Über beiden Dehnungsmeßstreifen wurde mit einem Martensschen Spiegelgerät die Dehnung bestimmt. Auf diese Weise war der Einfluß unvermeidbarer Biegebeanspruchungen ausgeschaltet. Der Einfluß der Querdehnung wurde bei der Auswertung der Meßergebnisse berücksichtigt. Die beiden Dehnungsmeßstreifen wurden elektrisch hintereinandergeschaltet und an Stelle von R_1 in die Wheatstonesche Brücke gelegt. Als Blindstreifen dient ein Dehnungsmeßstreifenpaar, das auf einem unbelasteten Probestab in der gleichen Weise wie die aktiven Meßstreifen aufgeklebt war. Dieser Probestab war wärmeleitend mit dem Maschinengestell der Prüfmaschine verbunden. Durch Aufkleben auf Zugstäbe, die unter Vorlast standen, konnten Dehnungsmeßstreifen einer genau bestimmten Druckbelastung ausgesetzt werden, wenn diese Stäbe nach der Trockenzeit entlastet wurden.

II. Spezifische Eigenschaften technischer Dehnungsmeßstreifen

a) Empfindlichkeit

Von besonderer Bedeutung ist die Empfindlichkeit k der Dehnungsmeßstreifen, das Verhältnis aus relativer Widerstandsänderung $\frac{\Delta R}{R}$ und Dehnung ε. Ermittelt man die Beziehung $\frac{\Delta R}{R} = f(\varepsilon)$ für Dehnungen bis etwa 0,5 %, so erhält man den in Abb. 3 schematisch wiedergegebenen Verlauf. Die Neukurve 1 steigt zunächst linear an und wird dann langsam flacher. Vom Um-

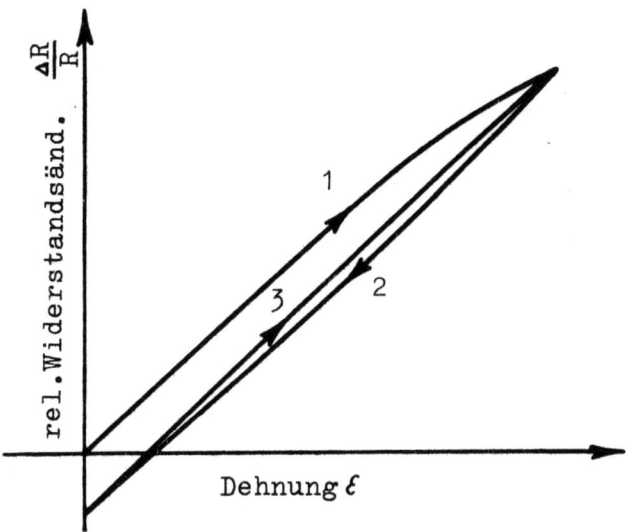

A b b i l d u n g 3
Relative Widerstandsänderung als Funktion der relativen Längenänderung (schematisch)

kehrpunkt an verläuft die Kurve 2 etwa parallel zum linearen Teil der Kurve 1 zurück, steigt dann aber zwischen den Kurven 1 und 2 wieder als Kurve 3 an. Das bedeutet, daß man den k-Faktor nur eindeutig für eine bestimmte Dehnung bei Kenntnis der "Vorgeschichte" des Dehnungsmeßstreifens angeben kann.

Es zeigt sich nun, daß die einzelnen Dehnungsmeßstreifen kleine Unterschiede in ihrer Empfindlichkeit aufweisen, die wahrscheinlich in der Herstellung oder auch in Ungleichmäßigkeiten beim Kleben begründet liegen. Um eine Übersicht über die vorkommenden Unterschiede zu bekommen, sind in Tabelle 1 die größten Abweichungen der aus dem linearen Teil der Kurve 1 von Abb. 3 ermittelten Empfindlichkeit k von den Angaben des Herstellers zusammengestellt, die bei einer Vielzahl von untersuchten Streifen beobachtet wurden. Die letzte Spalte zeigt die vom Hersteller angegebenen Grenzwerte. Bei negativen Dehnungen liegen die Verhältnisse ähnlich. In ihrer absoluten Streuung von ± 2,8 % sind die Meßstreifen DMP und DML in ihren Grenzen der Empfindlichkeit zufälligerweise gleich, jedoch unterschreitet der Meßstreifen DMP die vom Hersteller angegebenen Grenzwerte ausnahmslos nach unten.

Vielleicht liegt der Grund für dieses Verhalten in der größeren Querempfindlichkeit der Meßstreifen DMP. Die Schlaufen an den Umkehrstellen des Drahtgitters bewirken nämlich eine scheinbare Änderung des k-Faktors,

Forschungsberichte des Wirtschafts- und Verkehrsministeriums Nordrhein-Westfalen

Tabelle 1
Meßergebnisse zur Empfindlichkeit
technischer Dehnungsmeßstreifen

Art des Dehnungs-meßstreifens	Gemessene Abweichungen der Empfindlichkeit k von den Angaben des Herstellers in %	Vom Hersteller angegebene Abweichung der Empfindlichkeit k in %
DMP, 600 Ohm 24 mm Meßlänge	-0,9 bis -6,5	± 2
DML, 350 Ohm 21 mm Meßlänge	+1,9 bis -3,7	± 1,2

je nachdem, welchen (Quer)-Beanspruchungen sie unterworfen sind.

Nimmt man an, daß der vom Hersteller angegebene Wert des k-Faktors an einem geraden Draht bestimmt und dann auf den fertigen Meßstreifen übertragen wurde, der, wie hier, im einachsigen Spannungsfeld liegt, so erhält man nach einfacher Rechnung die prozentuale Änderung A des jetzt am Meßstreifen ermittelten k-Faktors, bezogen auf den des geraden Drahtes, zu:

$$A = - \frac{a(1+\mu)}{a + n \cdot l} 100$$

Darin bedeuten: a = Breite des Drahtgitters, μ = Querkontraktionszahl, n = Anzahl der Stränge und l = Länge eines Stranges. Für die hier untersuchten Dehnungsmeßstreifen mit n = 16, l = 25 mm und a = 6 mm wird bei μ = 0,3 A = - 1,9 %.

Nimmt man an, daß der Meßstreifen DMP vom Hersteller in einem einachsigen Dehnungsfeld geeicht wurde, während die hier mitgeteilten Meßwerte im einachsigen Spannungsfeld erhalten wurden, so hätte sich, ebenfalls nach vereinfachter Rechnung, eine prozentuale Abweichung A' des k-Faktors von

$$A' = - \frac{\mu \cdot a}{n \cdot l} 100$$

ergeben müssen, in diesem Falle also etwa 0,45 %.

Wie ersichtlich, genügen beide Erklärungsversuche nicht. Es ist also empfehlenswert, bei hohen Genauigkeitsansprüchen die k-Faktoren einer Serie von Meßstreifen gelegentlichen Stichproben zu unterwerfen.

Forschungsberichte des Wirtschafts- und Verkehrsministeriums Nordrhein-Westfalen

Der DML-Meßstreifen hat zwischen den einzelnen Drähten dickere Drahtstücke als leitende Querverbindung, die bei Querbeanspruchung keiner nennenswerten Widerstandsänderung unterworfen sind. Eine Abschätzung seiner Querempfindlichkeit konnte nicht durchgeführt werden. Eine genaue experimentelle Nachprüfung ist nicht einfach.

b) Linearität und Hysterese

Die Kennlinie der Dehnungsmeßstreifen wird von den Herstellern als linear und frei von Hysterese bei einer Umkehr der Beanspruchungsrichtung bezeichnet. Dies trifft keineswegs immer zu. In Abb. 4 sind Kennlinien von Dehnungsmeßstreifen beider Arten für eine erste größte Dehnung von etwa 0,125 % wiedergegeben, die eine ausgeprägte Hysterese zeigen. Die relative Meßgenauigkeit ist besser als ± 3 ‰ vom jeweiligen Endwert. Die Meßpunkte liegen innerhalb der Strichdicke. Nach einer zweiten Belastung bis höchstens 0,25 % Dehnung erfolgte die Aufnahme einer dritten Widerstands-Dehnungsschleife mit einer größten Dehnung von 0,5 % (Abb. 5 und 6). Während bei einem DMP-Meßstreifen wenigstens im aufsteigenden Ast der Zusammenhang zwischen relativer Widerstandsänderung und Dehnung linear, desgleichen die Hystereseschleife nur etwas breiter geworden ist, beginnt für einen DML-Meßstreifen bei etwa 0,3 % relativer Dehnung ein langsames Sinken der Empfindlichkeit, wenn diese Grenze zum erstenmal überschritten wird. Außerdem ist die Hystereseschleife wesentlich breiter. Nach wiederholten Beanspruchungen wird die Linearität auch bei Dehnungen über 0,3 % immer besser und die Hystereseschleife schmaler. Es sei an dieser Stelle darauf hingewiesen, daß diese DML-Meßstreifen vom Hersteller selbst aufgeklebt worden waren. Die nach dieser wiederholten Beanspruchung aufgenommenen Kennlinien (Abb. 7) zeigen im Vergleich zu denjenigen der Abbildungen 4, 5 und 6 nur noch eine sehr schwache Hysterese, die beim DMP-Meßstreifen innerhalb der Meßgenauigkeit verschwindet. Es empfiehlt sich also, den Dehnungsmeßstreifen vor Beginn der Messung einige Male zu beanspruchen. Wo dies nicht möglich ist, muß man mit entsprechenden Meßfehlern rechnen. Diese Beobachtungen sind z.B. wichtig, wenn man Dehnungsmeßstreifen für Untersuchungen der Werkstoffdämpfung verwenden will.

Ein DML-Dehnungsmeßstreifen, der nach der Beanspruchung von 0,5 % Dehnung vorsichtig wieder abgelöst und neu aufgeklebt wurde, zeigte erneut das Verhalten eines Dehnungsmeßstreifens bei Erstbelastung. Es ist daher anzunehmen, daß der vom Hersteller empfohlene Klebstoff für die Hysterese-

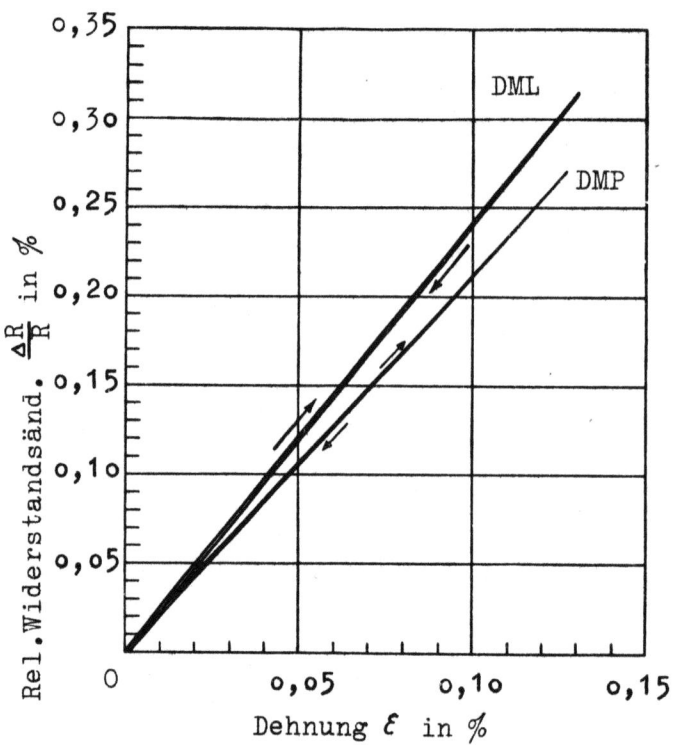

Abbildung 4

Widerstands-Dehnungsschleife von Dehnungsmeßstreifen,
1. Belastung

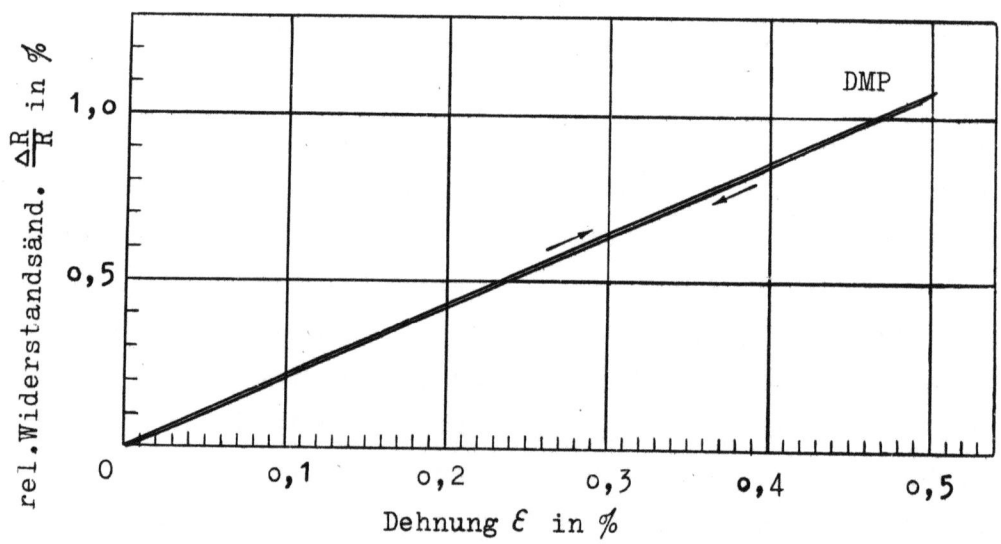

Abbildung 5

Widerstands-Dehnungsschleife eines Dehnungsmeßstreifens DMP,
3. Belastung

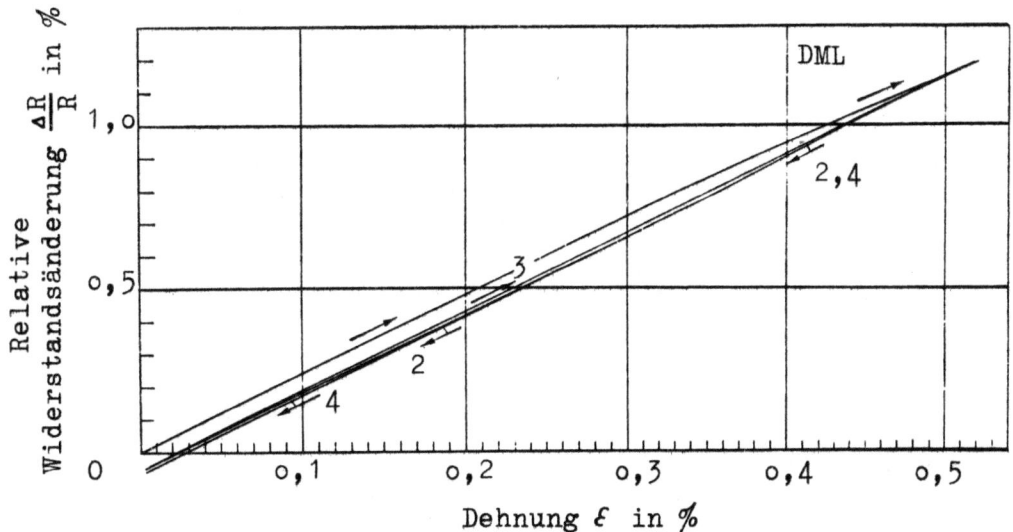

Abbildung 6

Widerstands-Dehnungsschleifen eines Dehnungsmeßstreifens DML, 3. Belastung

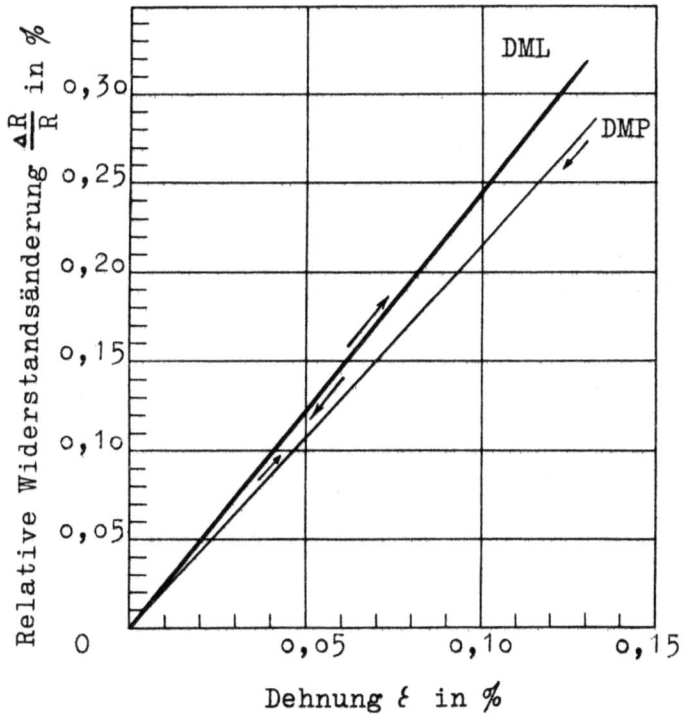

Abbildung 7

Widerstands-Dehnungsschleifen von Dehnungsmeßstreifen nach Mehrfachbelastung

erscheinungen teilweise verantwortlich ist. Der DMP-Dehnungsmeßstreifen zeigt zwar grundsätzlich die gleichen Erscheinungen, jedoch in geringerem Maße.

Zusammenfassend sei hier festgestellt, daß man bei DMP- und DML-Dehnungsmeßstreifen bei Erstbelastung mit linearer Anzeige bis zur Dehnung von 0,35 bis 0,45 %, nach Mehrfachbelastung von 0,45 bis 0,50 rechnen kann (Abweichung ≤ 1 % vom Endwert). Die Hysterese schwankt bei Dehnungen bis zu 0,5 % von 0 % bei Mehrfachbelastung bis zu höchstens 5 % bei Erstbelastung, immer bezogen auf den Endwert. Die DML-Meßstreifen scheinen stärkere Neigung zur Hysterese zu haben.

c) Obere Dehngrenze

Die Abb. 8 und 9 geben das Verhalten beider untersuchter Dehnungsmeßstreifenarten wieder, wenn diese mit Dehnungen bis zu einigen Prozent beansprucht werden. Die Dehnungen wurden hier mit zwei Meßuhren mit einer $1/100$-mm-Teilung bestimmt. Während die obere Dehngrenze des Dehnungsmeßstreifens DMP bei etwa 1 % liegt, lassen sich Dehnungsmeßstreifen DML, wie in den Werbeschriften angegeben, bis etwa 6 % ohne Zerstörung des Meßdrahtes verwenden. Jedoch fällt hier die starke Abweichung vom linearen Zusammenhang zwischen relativer Widerstandsänderung und Dehnung auf, ganz zu schweigen von den starken Hystereseerscheinungen bei Umkehr der Beanspruchungsrichtung. Bei größeren Dehnungen lassen sich die Dehnungsmeßstreifen also nur bei bekannter Kennlinie verwenden.

d) Temperatureinwirkung

Um den Einfluß von Temperaturänderungen während der Messung mit Dehnungsmeßstreifen auszugleichen, schaltet man einen Blindstreifen ein, der sich, auf ein Stück gleichen Werkstoffs aufgeklebt, in der Nähe des aktiven Meßstreifens befinden muß, um die gleichen Temperaturänderungen wie dieser zu erfahren. In der Praxis werden sich jedoch Temperaturunterschiede zwischen aktivem und passivem Meßstreifen nicht immer vermeiden lassen. Ein solcher Fall tritt z.B. bei Eigenspannungsmessungen auf, bei denen sich die zu untersuchende Probe beim Ausbohren oder Abdrehen leicht erwärmt und die Wiederherstellung des Temperaturgleichgewichts längere Zeit beansprucht. Beide Meßstreifenarten, die zur Verfügung standen, wurden deshalb auf ihre Temperaturempfindlichkeit untersucht, und zwar bei

Forschungsberichte des Wirtschafts- und Verkehrsministeriums Nordrhein-Westfalen

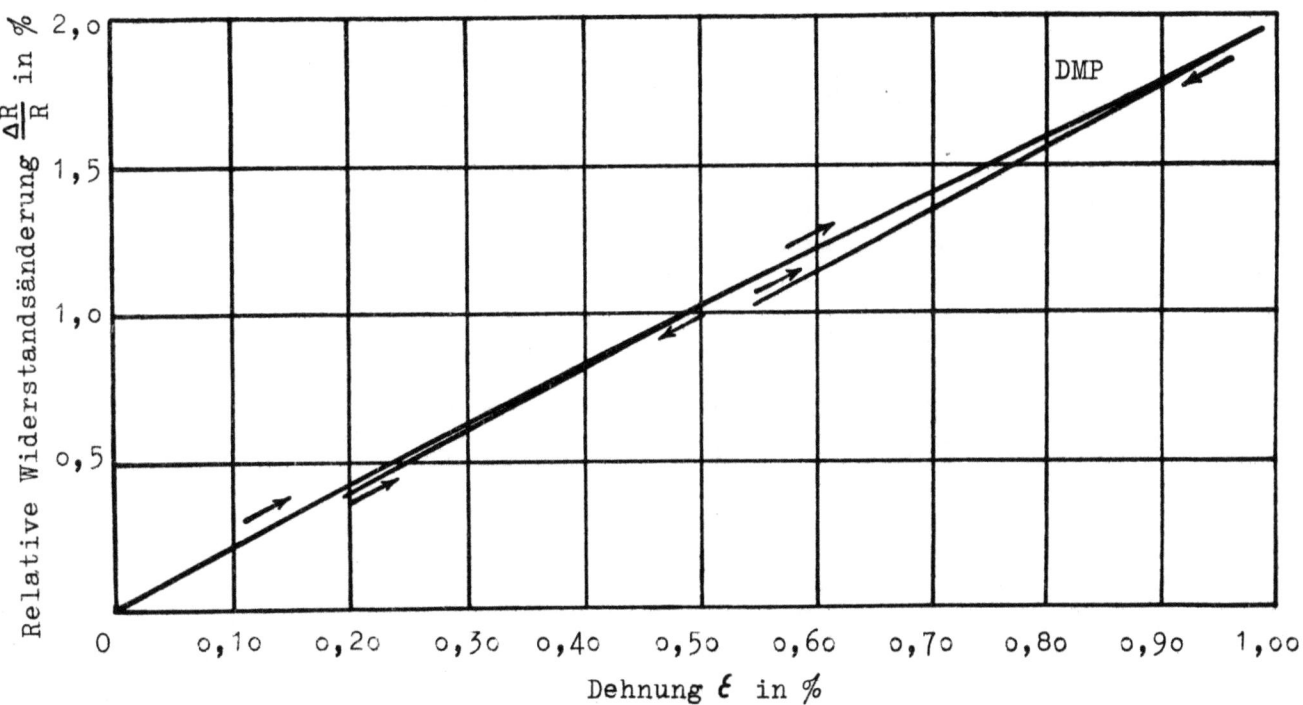

Abbildung 8

Widerstands-Dehnungsverlauf für Dehnungsmeßstreifen bei großen Dehnungen

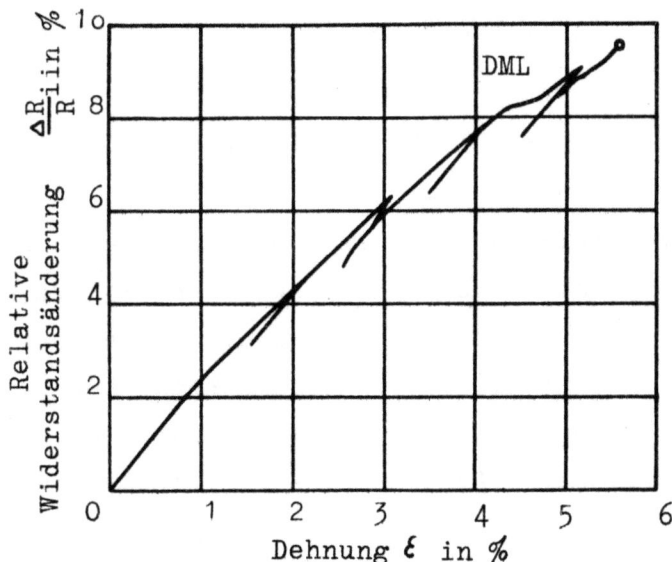

Abbildung 9

Widerstands-Dehnungsverlauf für Dehnungsmeßstreifen bei großen Dehnungen

Seite 15

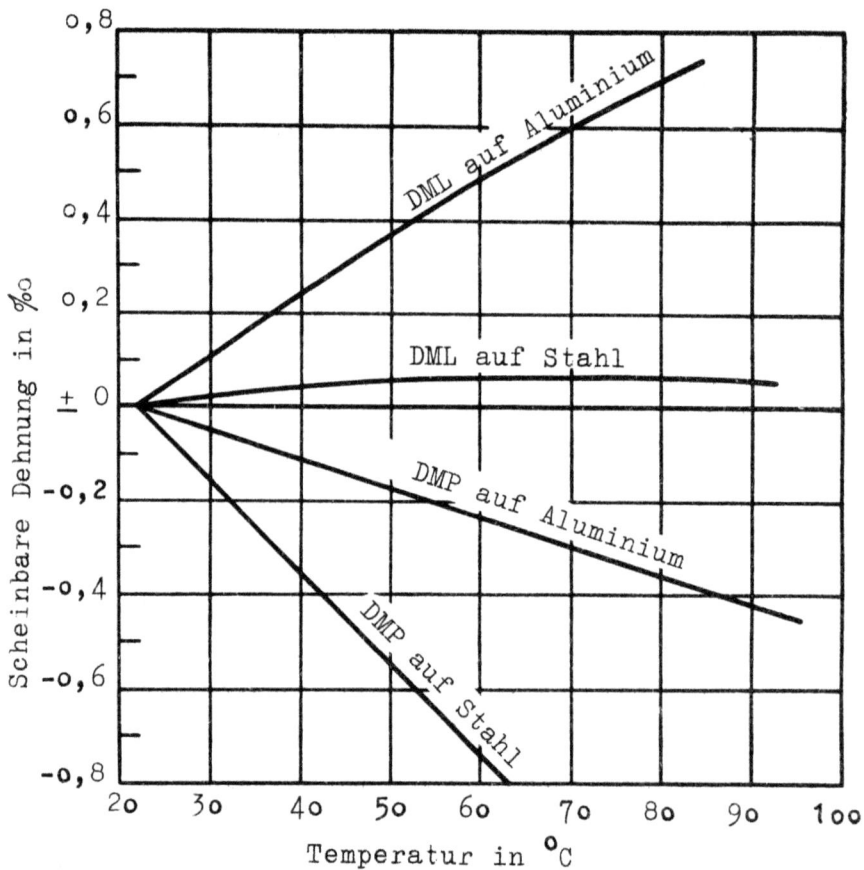

Abbildung 10

Temperaturempfindlichkeit von Dehnungsmeßstreifen

zwei verschiedenen Unterlagen, Stahl und Aluminium (Abb. 1o). Wie ersichtlich, zeigt der Meßstreifen DML, auf Stahl aufgeklebt, einen verhältnismäßig geringen Temperatureinfluß; der entsprechende Versuch beim Meßstreifen DMP zeigt, daß Temperaturunterschiede zwischen aktivem und passivem Meßstreifen von etwa 1o°C Dehnungen von etwa o,2 ‰, entsprechend einer Spannung von 4 kg/mm^2 bei Stahl, vortäuschen können. Der unterschiedliche Kurvenverlauf bei Stahl und bei Aluminium als Unterlage erklärt sich aus dem unterschiedlichen linearen Ausdehnungskoeffizienten beider Metalle.

e) Dauerstandvermögen

Für Dehnungsmessungen bei Beanspruchungen von längerer Dauer muß man wissen, ob der Dehnungsmeßstreifen auch dauerstandfest ist. In Abb. 11 ist das Versuchsergebnis festgehalten. Der Dehnungsmeßstreifen DMP, aufgeklebt auf einer hochfesten Chrom-Nickel-Wolfram-Stahlprobe, wurde nach

24stündigem Trocknen bei Raumtemperatur einer mittleren Beanspruchung von 25 kg/mm^2 ausgesetzt. Die Kriechneigung ist praktisch gleich Null; daran ändert sich auch nichts, wenn die Belastung bei 60°C gehalten wird. Die Meßstreifen DML wurden mit Zement M geklebt und nach 24- und dreimal 24-stündiger Trocknungszeit der gleichen Beanspruchung unterworfen. Ein weiterer Meßstreifen wurde mit Zement L aufgeklebt und nach Vorschrift des Herstellers 6 h im Ofen bei 70°C getrocknet. In allen drei Fällen zeigen diese Meßstreifen bei 20°C beträchtliche Kriecherscheinungen, so daß auf eine Untersuchung bei höherer Temperatur verzichtet wurde (4).

f) Dauerschwingvermögen

Schließlich wurde noch das Verhalten der Dehnungsmeßstreifen bei Dauerschwingbeanspruchung geprüft. Abb. 12 zeigt, daß durch eine 10^{6}fache Zugschwellbeanspruchung von 0 bis 0,24 % Dehnung bei beiden Meßstreifenarten keine Änderung in ihrer Empfindlichkeit, wenigstens innerhalb ± 0,6 %, eintritt. Desgleichen wurde bei einer Zugschwellbeanspruchung halber Höhe nach 10 Mill. Lastspielen keine Änderung des k-Faktors innerhalb ± 1 % beobachtet.

III. Handhabung technischer Dehnungsmeßstreifen

a) Kleben

Das sachgemäße Kleben der Dehnungsmeßstreifen ist die wichtigste Voraussetzung zum Gelingen der Messung. Die Hersteller geben ausführliche Klebevorschriften, die sich im allgemeinen bewährt haben. Es seien hier nur einige weitere Erfahrungen mitgeteilt, die sich beim längeren Umgang mit Dehnungsmeßstreifen ergeben haben.

Dehnungsmeßstreifen DMP

Der Hersteller empfiehlt nach Auftragen des Klebstoffes auf Werkstück und Dehnungsmeßstreifen eine Trockenzeit von einigen Minuten, bevor der Dehnungsmeßstreifen auf das Werkstück aufgebracht wird. Das ist nicht richtig: das Aufbringen muß vielmehr sofort geschehen, da der Dehnungsmeßstreifen sonst nicht mehr anklebt und sich der überflüssige Klebstoff nicht mehr an den Seiten des Dehnungsmeßstreifens herauspressen läßt.

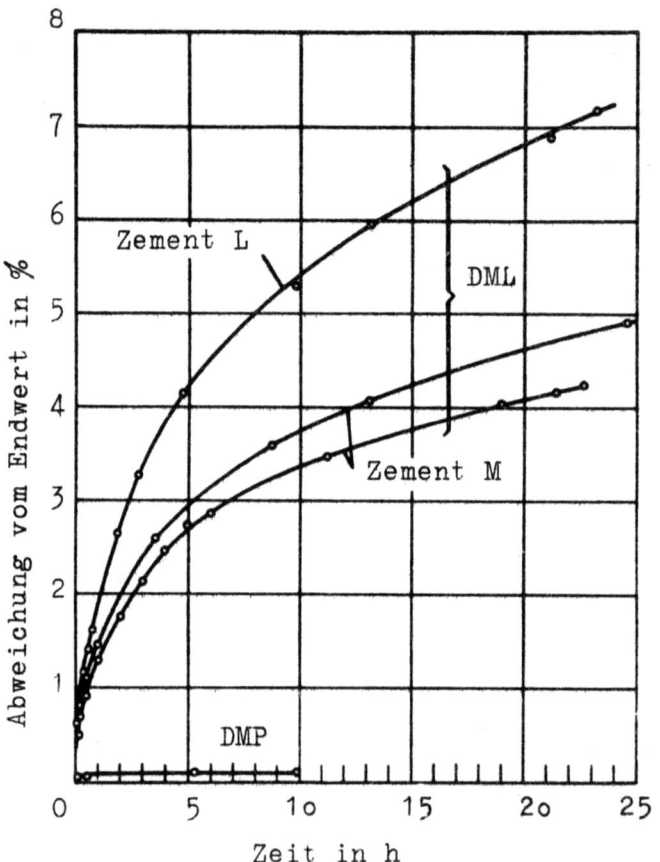

Abbildung 11

Dauerstandvermögen von Dehnungsmeßstreifen
bei mittlerer Dehnung von 0,25 %

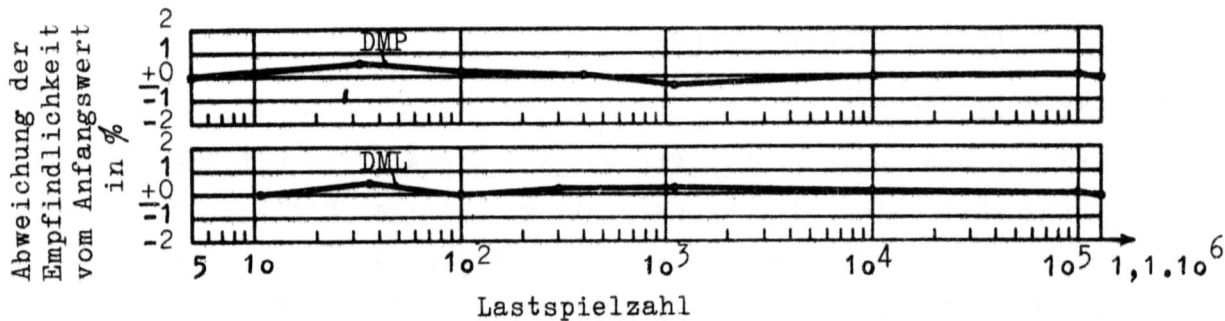

Abbildung 12

Dauerschwingvermögen von Dehnungsmeßstreifen
bei 0,25 % Zugschwellbeanspruchung

Die Aufpreßkraft beim Trocknen darf einige Kilogramm nicht überschreiten, da sonst die feinen Meßdrähtchen leicht verschoben oder sogar zerrissen werden und die dickeren Anschlußdrähte die Papierunterlage durchbrechen können.

Auf zylindrische Stäbe kleinen Durchmessers (z.B. 1o mm) oder ähnlich geformte Werkstücke lassen sich schmaler zugeschnittene Dehnungsmeßstreifen DMP besser aufkleben.

Die Dehnungsmeßstreifen DMP zeigen oft an der Oberfläche matte, hellere Stellen, die nach dem Kleben noch stärker hervortreten; derartige Flekken beeinträchtigen die Messung nicht.

Häufig wird man gezwungen sein, Dehnungsmeßstreifen auf Konstruktionsteile zu kleben, die während des Trockenvorganges unter dynamischer Belastung stehen, z.B. verkehrsreiche Eisenbahnbrücken oder wichtige Maschinen, die nicht stillgesetzt werden können. Hierzu wurde folgender Versuch durchgeführt: Zwei Dehnungsmeßstreifen DMP, die etwa 1o min nach dem Kleben auf einen Stahlstab bis zum völligen Trocknen in einer Dauerschwingprüfmaschine unter Zugschwellbeanspruchung von 2 bis 17 kg/mm^2 standen, erreichten ihre angegebene Empfindlichkeit. Zwei Dehnungsmeßstreifen DML, die nach etwa 2o min Trocknungszeit der gleichen Zugschwellbeanspruchung ausgesetzt wurden, erreichten infolge unvollkommenen Haftens nur 92 und 76 % ihrer angegebenen Empfindlichkeit. Vielleicht führt jedoch sorgfältigeres Kleben auch hier zum Erfolg.

Ein Ablösen der Dehnungsmeßstreifen DMP zwecks Wiederverwendung ist zwar möglich, jedoch für Betriebsmessungen nicht zu empfehlen.

Dehnungsmeßstreifen DML

Die Klebevorschrift des Herstellers für den lufttrocknenden Klebstoff TEPIC M hat sich bewährt.

Die Durchsichtigkeit des Dehnungsmeßstreifens DML läßt zwar Luftblasen, die sich beim Kleben unter dem Meßstreifen bilden können, leicht erkennen, doch ist das dadurch hervorgerufene Gefühl erhöhter Sicherheit zuweilen trügerisch; denn auch nicht gut haftende Geber können äußerlich einwandfrei aussehen. Nach dem Trocknen überzeugt man sich am besten durch ganz leichtes Lüften der Ränder, etwa mit einer alten Rasierklinge oder einer Stecknadel, ob der Meßstreifen wirklich gut haftet.

Forschungsberichte des Wirtschafts- und Verkehrsministeriums Nordrhein-Westfalen
___

Die größere Steifigkeit des Dehnungsmeßstreifens DML ist beim Kleben auf gewölbte Flächen hinderlich, da er versucht, wieder in seine ebene Lage zurückzuspringen; zweckmäßig verformt man den Meßstreifen DML deshalb vor dem Kleben durch mehrstündige Lagerung in entsprechend gestalteten Formen, gegebenenfalls unter gleichzeitiger Erwärmung.

Bei Krümmungsradien ≤ 5 mm beobachtet man dabei manchmal ein Platzen des Lackträgers, vor allem längs der Meßdrähte, das zur Zerstörung des Meßstreifens führt.

Infolge seiner größeren Steifigkeit kann der Dehnungsmeßstreifen DML unter Umständen nach der Messung wieder abgelöst werden, wenn man dabei äußerst vorsichtig zu Werke geht. Man kann eine Längskante sorgsam mit einer Rasierklinge lösen und dann mit einem stumpferen Gegenstand sehr vorsichtig nachfühlen. Zur Anwendung im Betrieb ist das Verfahren ungeeignet.

b) Feuchtigkeitsschutz

Der Hauptfeind der Dehnungsmeßstreifen ist die Feuchtigkeit, denn sie verursacht Dehnungen des Trägers durch Aufquellen, inkonstante Nebenschlüsse zum Geberwiderstand und damit scheinbare Dehnungen des Meßdrahtes. Ein genaues Messen mit nicht vollkommen trockenen Dehnungsmeßstreifen ist deshalb unmöglich.

Auch in überdachten Räumen empfiehlt sich daher bei Messungen über lange Zeit ein besonderer Schutzüberzug. Bewährt hat sich Paraffin, das mit einem Infrarot-Trockenstrahler auf dem Dehnungsmeßstreifen selbst zum Schmelzen gebracht wurde.

Gleichzeitigen mechanischen Schutz erhält man bei Verwendung von Desmocoll G, einem kalthärtenden, wasserfesten Zweikomponentenlack der Farbwerke Bayer, Leverkusen. (Nur für Dehnungsmeßstreifen DMP verwendbar). Sehr guten Feuchtigkeitsschutz erhält man bei Verwendung der von Philips vertriebenen Gummikäppchen GM 4478.

Dehnungsmeßstreifen, die mit diesen Käppchen geschützt waren (Klebstoff Desmocoll G), überstanden hintereinander folgende Behandlung: 4 Tage Landregen, 6 Tage unter Salzwasser, $5 \cdot 10^6$ Lastwechsel im Trockenen, Zugschwellbeanspruchung entsprechend 2 bis 15 kg/mm^2 bei Stahl, 2 Tage unter Salzwasser. In 2 weiteren Tagen unter Salzwasser nahm der Isolationswiderstand langsam ab, sank jedoch nicht unter 800 MΩ. Nach dem

Ablösen der Käppchen zeigte sich ein Farbumschlag des miteingeschlossenen Trockenmittels Silicagel in Rosa, ein Zeichen dafür, daß bereits etwas Feuchtigkeit eingedrungen war.

Um jederzeit mit einem Blick ein Maß für die Güte der Abdichtung zu gewinnen, wurde in die flache Decke eines Käppchens ein Fenster von 8×8 mm^2 geschnitten, hinter das von innen ein mit einer wässerigen Lösung von Kobaltchlorür blaugefärbtes Stückchen Fließpapier geklebt wurde. Von außen wurde das Fenster mit einem Scheibchen aus durchsichtigem Zellit abgedichtet (Klebstoff: Desmocoll G).

Kobaltchlorür zeigt bei Aufnahme von Wasser einen Farbumschlag von blau nach rosa. Solange das Fensterchen blau erscheint, ist die Gewähr für einwandfreien Feuchtigkeitsschutz gegeben.

IV. Vor- und Nachteile technischer Dehnungsmeßstreifen

Die Frage, welchen der hier untersuchten Dehnungsmeßstreifen der Vorzug zu geben ist, kann nicht eindeutig beantwortet werden; sie hängt von der jeweiligen Aufgabe ab, die mit dem Meßstreifen gelöst werden soll. In Tabelle 2 sind deshalb einige wichtige Eigenschaften beider Arten einander gegenübergestellt. Die Stückpreise sind etwa die gleichen.

Tabelle 2
Eigenschaften von Dehnungsmeßstreifen

DMP	DML
Geringere Hysterese bei Erstbelastung	-
-	Höherer Geberfaktor
-	Höhere Dehngrenze
-	Geringere Temperaturempfindlichkeit auf Stahl
Geringere Kriechneigung	-
-	Wahrscheinlich geringere Empfindlichkeit gegen Querbeanspruchung
-	Durchsichtigkeit des Drahtträgers
Angenehmeres Kleben (subjektiver Eindruck)	-
Geringe Bruchgefahr der Anschlußdrähte	-

Forschungsberichte des Wirtschafts- und Verkehrsministeriums Nordrhein-Westfalen

C. Entwicklung von Meßgeräten für Dehnungsmeßstreifen

Die Schwierigkeit dieser Aufgabe für die elektrische Meßtechnik wird offenbar, wenn man sich einmal die Größenordnung der Widerstandsänderung von Dehnungsmeßstreifen klar macht. Es ergibt sich z.B. bei der Empfindlichkeit $k = \frac{\Delta R}{R}/\varepsilon$ von 2, wie sie technische Dehnungsmeßstreifen aufweisen, bei einer relativen Längenänderung von $0,5 \times 10^{-4}$, entsprechend einer Spannung von 1 kg/mm^2 bei Stahl, nur eine relative Widerstandsänderung von 1×10^{-4}. Diese geringe Empfindlichkeit ist der einzige große Nachteil des Dehnungsmeßstreifens; denn sie bedingt hohen Aufwand an elektrischen Meßmitteln, besonders wenn hohe Anforderungen an Empfindlichkeit, Genauigkeit, Frequenzbereich und Zuverlässigkeit gestellt werden.

Trotz dieser Schwierigkeiten wurden in Zusammenarbeit mit deutschen Firmen Meßgeräte für Dehnungsmeßstreifen entwickelt, die inzwischen im Handel sind. Es wurde dabei besonderer Wert darauf gelegt, daß diese Geräte von in der elektrischen Meßtechnik ungeschulten Kräften benutzt werden können. Abgesehen davon weisen diese Geräte auch wesentliche Verbesserungen gegenüber den ausländischen Erzeugnissen auf.

I. Geräte zur Messung statischer Dehnungen

Zur Messung ruhender Dehnungen wurde von den Firmen Elmed, Essen und K. Brandau, Düsseldorf, je eine Dehnungsmeßbrücke herausgebracht, die in den Abbildungen 13 und 14 abgebildet ist. Beide Geräte arbeiten nach dem Nullabgleichverfahren. Die Eingangsbrückenschaltung wird mit Trägerfrequenz von 400 - 500 Hz gespeist. Es können handelsübliche Dehnungsmeßstreifen mit k-Faktoren von 1,9 bis 2,6 und mit Widerständen oberhalb 120 Ω angeschlossen werden. Oberhalb einer Dehnung von 5×10^{-4} (entsprechend einer Beanspruchung von 10 kg/mm^2 bei Stahl) werden Dehnungen mit einer Genauigkeit von $\pm$ 1 % gemessen. Die Nachweisempfindlichkeit beträgt bei beiden Geräten 5×10^{-6} Dehnung (0,1 kg/mm^2 bei Stahl). Beide Geräte können mit Batterie oder mit Netz betrieben werden. Das Gerät der Firma Elmed (Abb. 13) gestattet darüber hinaus, die bei Batteriebetrieb stark belastete Heizbatterie in Betriebspausen mit dem Netz wieder aufzuladen. In Verbindung mit Stöpselbrettern können mit diesen Geräten ruhende Dehnungen an beliebig vielen Stellen ausgemessen werden.

Abbildung 13
Meßbrücke für statische Dehnungen (Hersteller: Elmed, Essen)

Abbildung 14
Meßbrücke für statische Dehnungen (Hersteller: K. Brandau, Düsseldorf)

Forschungsberichte des Wirtschafts- und Verkehrsministeriums Nordrhein-Westfalen

II. Geräte zur Messung kombiniert statisch + dynamischer Dehnungen

Die Entwicklung eines Gerätes zur Aufnahme zeitlich veränderlicher Dehnungen war stark von den auf dem deutschen Markt erhältlichen Registriergeräten bestimmt. Besonders vorteilhaft erschienen solche Registriergeräte, die eine gleichzeitige Aufnahme von mehreren Vorgängen erlauben. Da Geräte für eine Mehrfachoszillographie mit Elektronenstrahlröhren nicht erhältlich waren und für die meisten Aufgaben der Praxis eine Wiedergabe von Vorgängen bis zu Frequenzen von höchstens 1 000 Hz ausreichte, wurde die Entwicklung eines Gerätes zur Messung von dynamischen und kombiniert statisch + dynamischen Vorgängen den bekannten Schleifenoszillographen angepaßt. Die Entwicklung eines Verstärkerkanals für Dehnungsmeßstreifen zum Anschluß an Schleifenoszillographen wurde in Zusammenarbeit mit der Firma K. Brandau in Düsseldorf durchgeführt (Abb. 15).

Die dynamische Dehnungsmeßbrücke von K. Brandau arbeitet nach dem Ausschlagverfahren. Die Trägerfrequenz der Eingangsschaltung beträgt 5 000 Hz. Es können Dehnungsmeßstreifen mit beliebigen k-Faktoren und Widerständen und auch handelsübliche induktive Dehnungsgeber mit Tauch- und Queranker angeschlossen werden. Ein grober und feiner Nullabgleich mit Hilfe eines Nullanzeigeinstruments ist eingebaut. Die Verstärkung ist in groben und feinen Stufen regelbar. Ein mehrstufiger Eichschalter liefert auf den Oszillographenschrieben Eichmarken für Dehnungen von 0,5, 1, 2 und 5×10^{-3} bei Annahme eines k-Faktors von 2,0. An den Ausgang können Oszillographenschleifen von 4 oder 70 Ω und 1 000 Ω angeschlossen werden. Eine in Stufen einstellbare Strombegrenzung verhindert eine Beschädigung der empfindlichen Schleifensysteme bei sonst unvermeidlichen Überlastungen. Der Ausgang von 4 oder 70 Ω ist für die üblichen Oszillographenschleifen vorgesehen, während der 1 000 Ω-Ausgang den Meßwerken des Lichtpunktlinienschreibers nach Stabe (Hersteller: Hartmann & Braun, Frankfurt a.M.) angepaßt ist. Die obere Grenzfrequenz der dynamischen Dehnungsmeßbrücke liegt etwa bei 1 000 Hz. Die Empfindlichkeit beträgt bei Anschluß einer 4 Ω-Schleife mit 2 000 Hz Eigenfrequenz 5×10^{-5} Dehnung bei Vollausschlag (50 mm). Meßwerke zum Lichtpunktlinienschreiber mit Eigenfrequenzen von 120 Hz ergeben Vollausschlag bei 5×10^{-4} Dehnung. Außer Oszillographenschleifen kann ein Kathodenstrahl-Oszillograph angeschlossen werden, um die zu untersuchenden Vorgänge als modulierte Trägerfrequenz zu beobachten.

Das Gerät wird aus dem Netz betrieben, ist gegenüber Netzschwankungen stabilisiert und stoßsicher aufgebaut.

Von der Firma Hottinger wurde inzwischen ein Dreikanalgerät mit gemeinsamem Generator- und Netzteil herausgebracht, das zum Anschluß von induktiven Dehnungsgebern erstellt worden ist. Auf unsere Anregung hin wurde dieses Gerät in seinem Anwendungsbereich erweitert, so daß es nun auch für Dehnungsmeßstreifen verwendbar ist.

III. Hilfsgeräte

a) Isolationsmeßgerät für Dehnungsmeßstreifen

Eine zuverlässige Messung mit Dehnungsmeßstreifen bei ruhenden Beanspruchungen setzt voraus, daß die Dehnungsmeßstreifen gegenüber der metallischen Unterlage genügend elektrisch isoliert sind. Bei normalen Dehnungsmeßstreifen muß der Isolationswiderstand mindestens 10^9 betragen. Deshalb wurde die Firma Norma, Wien, angeregt, ein serienmäßiges Gigaohmeter für die Messung von Isolationswiderständen bei Dehnungsmeßstreifen umzubauen. Abb. 16 zeigt das elektronisch arbeitende Isolationsmeßgerät mit einer Prüfspannung von 20 V und einem Meßbereich bis zu 10 000 Mega-Ohm. Um bei Außenmessungen vom Netzanschluß unabhängig zu sein, wurde von der Firma Greiner, Bremen, nach unseren Angaben ein Isolationsmeßgerät für Dehnungsmeßstreifen mit Batteriebetrieb erstellt. Die Prüfspannung beträgt hier ebenfalls 20 V. Es können Isolationswiderstände bis zu 1 000 Mega-Ohm damit ermittelt werden (Abb. 17). Das Gerät arbeitet ohne Röhren und nur mit Trockenbatterien.

b) Registriergeräte

Zur gleichzeitigen Beobachtung und Registrierung von Beanspruchungsvorgängen mit Dehnungsmeßstreifen wurde von den Firmen P.E. Klein, Stuttgart, und Hellige, Freiburg, gemeinsam ein Registriergerät mit einer Elektronenstrahlröhre entwickelt (Abb. 18), die an den Ausgang von handelsüblichen Elektronenstrahloszillographen angeschlossen werden kann. Die Ablaufkamera arbeitet mit Registrierpapier von 35 mm nutzbarer Schreibbreite und mit Registriergeschwindigkeiten von 0,04 bis 250 mm/sec, einstellbar in 9 Stufen.

A b b i l d u n g 15

Meßbrücke für kombiniert statisch + dynamische Dehnungen
(Hersteller: K. Brandau, Düsseldorf)

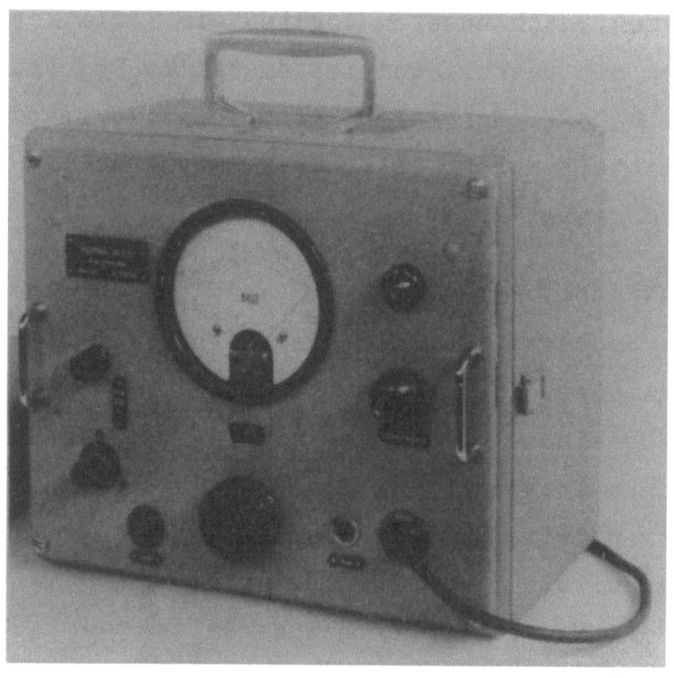

A b b i l d u n g 16

Isolationsmeßgerät mit Netzanschluß für Dehnungsmeßstreifen
(Hersteller: Norma, Wien)

A b b i l d u n g 17

Isolationsmeßgerät für Dehnungsmeßstreifen mit Batteriebetrieb
(Hersteller: Greiner, Bremen)

A b b i l d u n g 18

Registriergerät mit Braunscher Röhre
(Hersteller: P.E. Klein, Stuttgart, und F. Hellige, Freiburg)

D. Praktische Messungen mit Dehnungsmeßstreifen

Der Dehnungsmeßstreifen hat vor allen anderen Meßverfahren den besonderen Vorzug, daß er in seiner Anwendung sehr vielseitig ist; denn fast überall dort, wo sich eine physikalische Größe auf eine Längenänderung zurückführen läßt, kann er zum Messen eingesetzt werden. Verfügt man erst einmal über eine Grundausstattung mit Meßgeräten für Dehnungsmeßstreifen, etwa über eine Meßbrücke für statische Dehnungen nach dem Nullverfahren, einen oder mehrere Meßstellenwähler und eine Meßeinrichtung für dynamische Vorgänge, so ist man in der Lage, sich schnell fast allen Meßaufgaben anzupassen.

Es gibt viele Aufgaben, die nur mit dem Dehnungsmeßstreifen gelöst werden können, z.B. Dehnungsmessungen an Stellen, wo andere Dehnungsmeßgeräte keinen Platz haben, der Dehnungsmeßstreifen jedoch wegen seines geringen Platzbedarfs aufgebracht werden kann. Vor allem bei der verzerrungsfreien Wiedergabe von Vorgängen mit hohen Frequenzen oder bei Dehnungsmessungen an Bauteilen, die hohen Beschleunigungen oder Erschütterungen unterliegen (z.B. schnell umlaufende Bauteile), ist der Dehnungsmeßstreifen allein in der Lage, zuverlässige Meßergebnisse zu liefern.

Die folgenden Beispiele sollen zeigen, welche Meßmöglichkeiten der Dehnungsmeßstreifen mit der oben genannten Grundausstattung von Meßgeräten erschließt. Soweit hier bestimmte Erzeugnisse genannt werden, die zu den Versuchen zur Verfügung standen, hat dies ausschließlich zum Ziel, dem Meßingenieur Hinweise zur Erleichterung seiner Arbeit zu geben. Deshalb wird auch versucht, die erreichbaren Meßgenauigkeiten abzuschätzen und das Meßstreifenverfahren selbst im Hinblick auf seine Zweckmäßigkeit bei der jeweiligen Aufgabe kritisch zu betrachten.

I. Messung ruhender Beanspruchungen

a) Dehnungsmessungen an zwei Laugetürmen

Bei einigen Laugetürmen eines chemischen Werkes sollte zur Produktionssteigerung der Betriebsdruck erhöht werden. Damit eine etwa zu hohe Belastung rechtzeitig erkannt werden konnte, mußten die Dehnungen als Funktion des Innendruckes an den kegeligen Zwischenstücken dieser Türme gemessen werden, weil hier besonders hohe Dehnungen zu erwarten waren.

Einen Überblick über den Versuchsaufbau gibt Abb. 19. Die Dehnungsmeßstreifen waren in einigen Reihen mit tangentialer und in einigen mit radialer Meßrichtung aufgebracht. Während je zehn Meßstellen des einen Turmes vermessen wurden, dienten je zehn Meßstellen des anderen zur Temperaturkompensation und umgekehrt. Abb. 20 zeigt das Schaltschema der Meßeinrichtung. Es wurden Meßstreifen mit 600 Ω Widerstand und einem k-Faktor von etwa 2,0 (Verhältnis der relativen Widerstandsänderung zur Dehnung) mit 25 mm Meßlänge (Philips GM 4472) und an den Stellen eines verhältnismäßig großen Dehnungsgradienten solche mit 8 mm Meßlänge (GM 4474) verwendet. Da die kurzen Streifen äußerlich weniger widerstandsfähig sind - sie haben nämlich einen dünneren Papierträger und dünnere Anschlußdrähte -, sollte man sie nur dann verwenden, wenn die Meßstrecke unbedingt so kurz sein muß. Sämtliche Meßstreifen waren mit Gummikappen GM 4478 unter Einschluß von Silikagel gegen Feuchtigkeit geschützt.

Die Leitungen zu den Meßstellen bestanden aus kunststoffisoliertem Kupferdraht von 0,8 mm Dmr. und führten zu dem einige Meter entfernten Umschalter GM 5545, an den die Meßbrücke GM 4571 angeschlossen war. Bei einer Widerstandstoleranz von ± 0,5 %, wie sie technische Meßstreifen haben, muß man für einen Umschalter mit Nullabgleich wenigstens fordern, daß sich das Abgleichpotentiometer bequem und stabil auf 0,5 ‰ seines Regelbereiches einstellen läßt; denn das entspräche bereits einer scheinbaren Dehnung von 5×10^{-6}. Diese Forderung ist jedoch nur schwer zu erfüllen. Wenn man dazu noch die durch die elektrische Schaltung verursachte scheinbare Verkleinerung des k-Faktors und die durch die Umschaltkontakte gegebene Messunsicherheit berücksichtigt, wird es verständlich, daß derartige Umschalter auch bei Verwendung hochwertiger Einzelteile nur von sehr geringem Wert sind. Besser und billiger sind Klemm- oder Stöpselbretter, die man auch selbst leicht herstellen kann.

Die verwendete Meßbrücke (Philips GM 4571) hat sich bei diesen Versuchen im rauhen Betrieb gut bewährt; man muß nur darauf achten, daß das Gerät vor der Messung einige Minuten Zeit zum Einlaufen (Erwärmen) hat, und daß die Heizspannung während des Betriebs nicht sinkt, da sich sonst der Nullpunkt erheblich verschieben kann. Es ist daher zweckmäßig, die Heizung durch einen zusätzlichen Akkumulator zu speisen. Abb. 21 gibt die beschriebene Meßeinrichtung wieder. Im Hintergrund sieht man einige Meßstellen. Als Beispiel für die Meßergebnisse ist in Abb. 22 neben einem

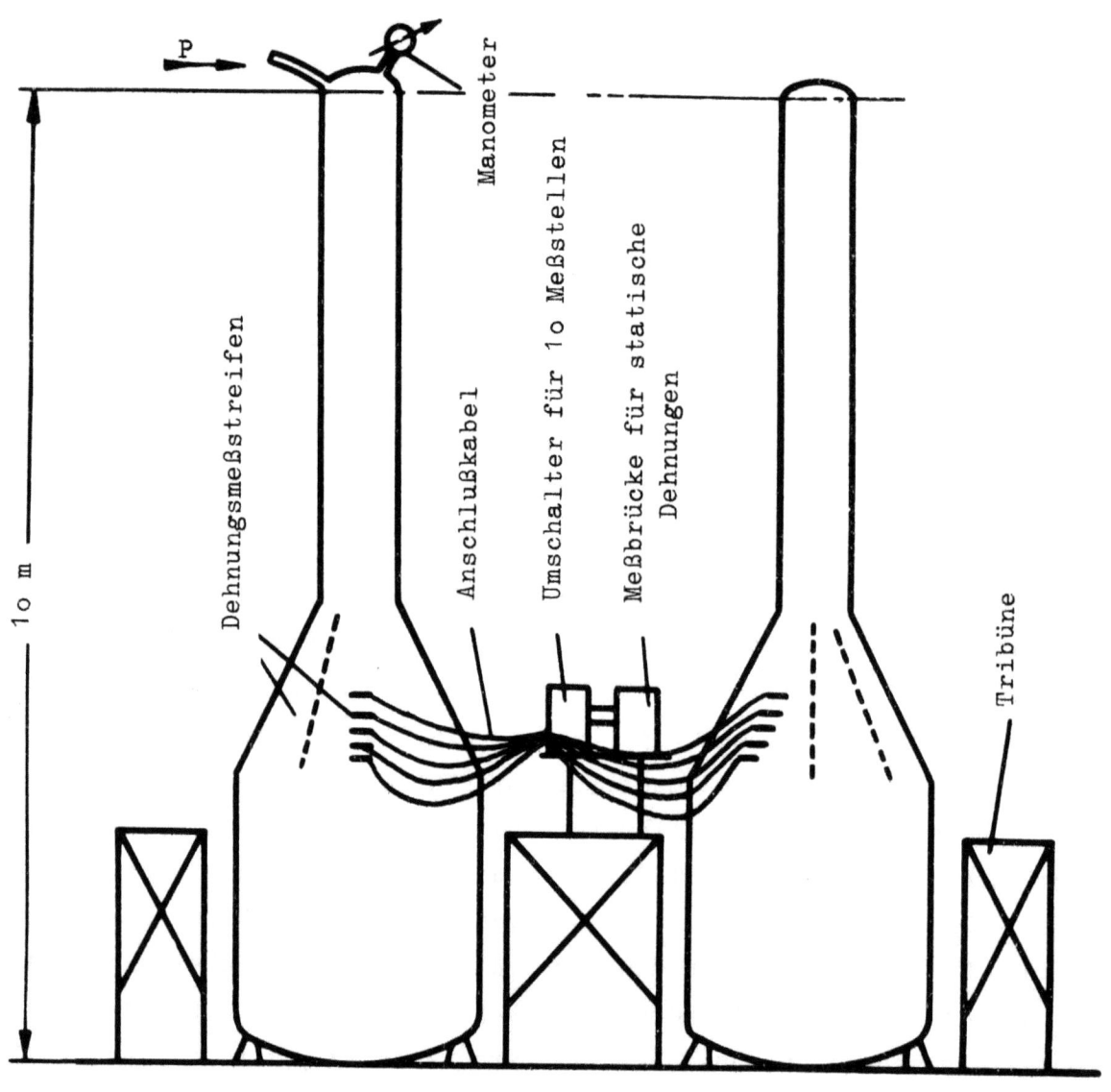

Abbildung 19
Dehnungsmessungen an zwei Laugetürmen
Übersichtsschema

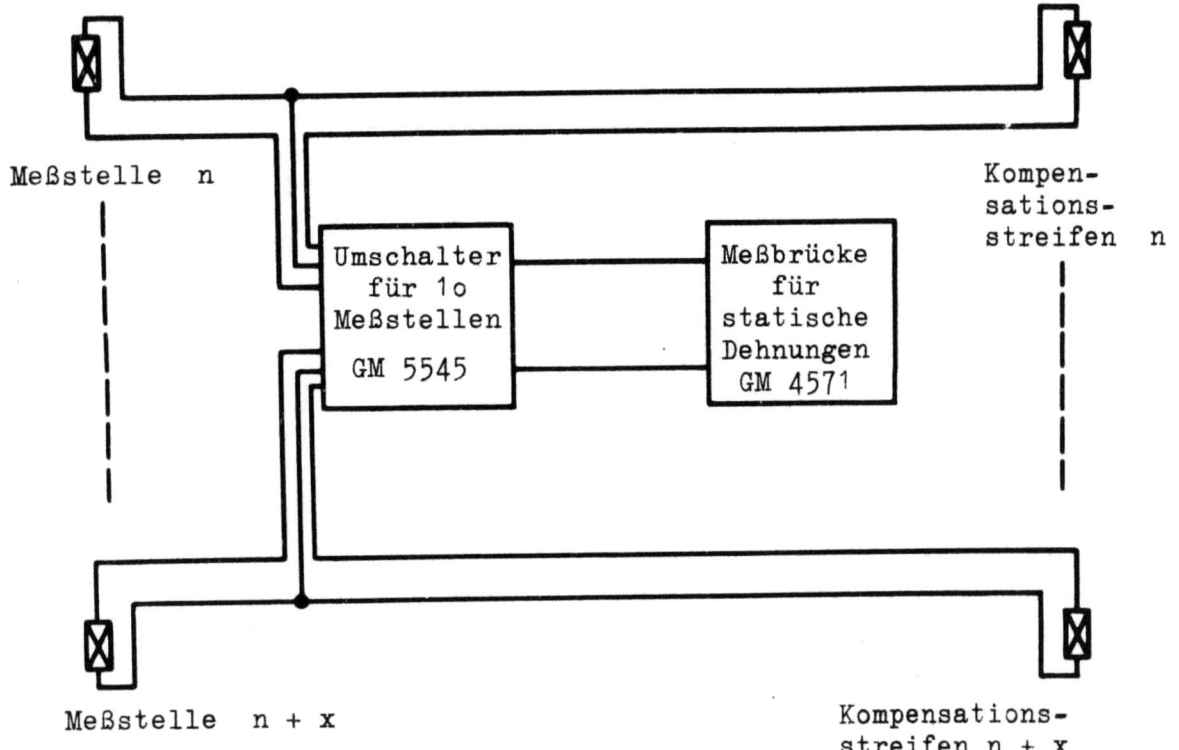

Abbildung 20

Dehnungsmessungen an zwei Laugetürmen

Schaltbild

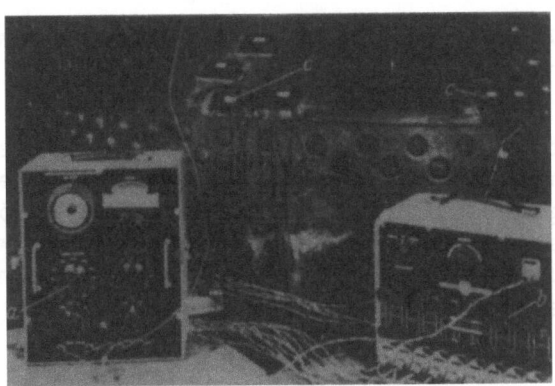

Abbildung 21

Dehnungsmessungen an zwei Laugetürmen

Meßgeräte und Meßstreifenanordnung an den Laugetürmen
a) Meßbrücke
b) Umschalter für zehn Meßstellen
c) mit Gummikappen geschützte Dehnungsmeßstreifen

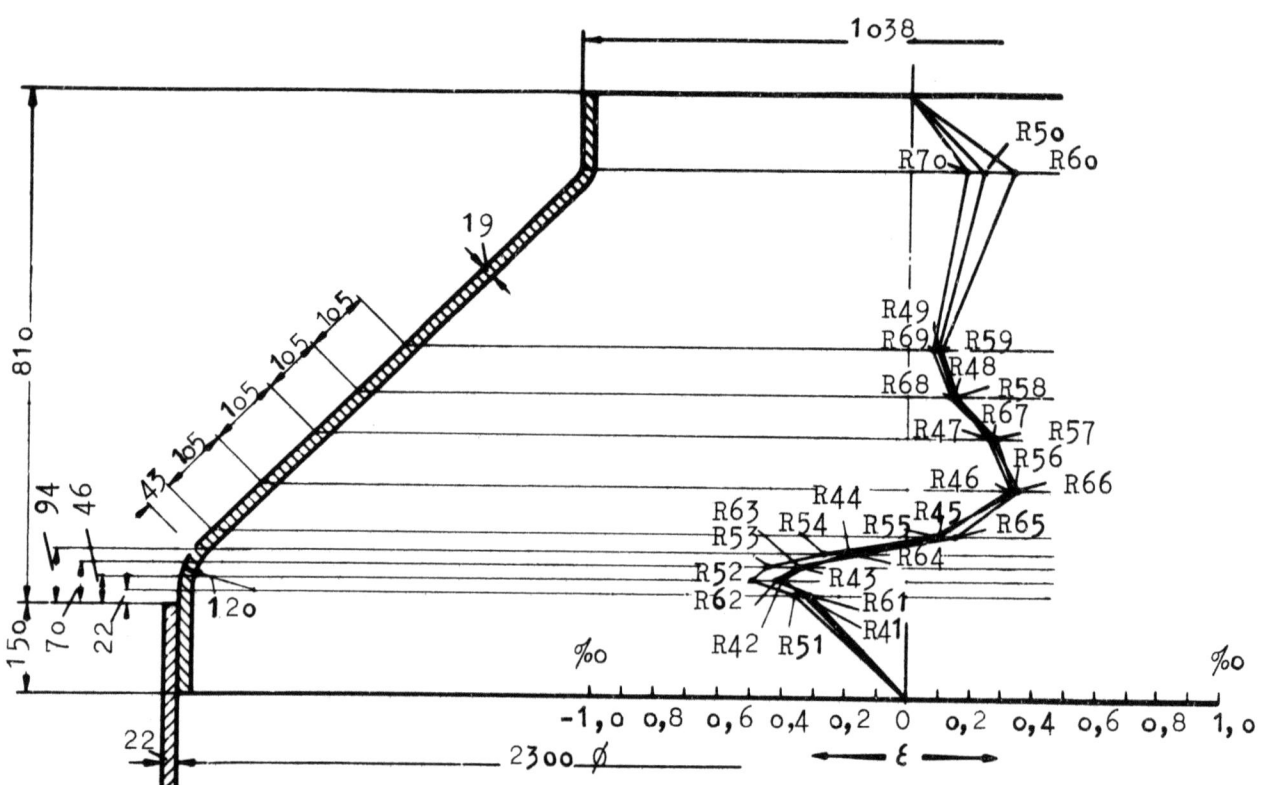

Abbildung 22

Dehnungsmessungen an zwei Laugetürmen

Ergebnisse der Dehnungsmessung

Am Schnittpunkt durch das kegelige Zwischenstück eines Laugeturmes sind die Abstände der Meßpunkte in mm angegeben. Die 3 Meßreihen sind an 3 verschiedenen Seiten des Turmes aufgenommen worden. An den Punkten der Kurven sind die Nummern der Meßstellen vermerkt (Zahlen mit R)

Schnitt durch das kegelige Zwischenstück eines Turmes der Verlauf der Dehnung dreier Reihen von Meßstreifen mit radialer Meßrichtung wiedergegeben. Man erkennt, wie die Dehnung kurz oberhalb der unteren Krempe von negativen zu positiven Werten umschlägt. Die Übereinstimmung der in den drei Reihen gewonnenen Ergebnisse ist als gut zu bezeichnen, wenn man bedenkt, daß die Dehnungsmeßstreifen an drei Seiten des Turmes angebracht waren, die in ihrer Form besonders voneinander abweichen. Auf Grund der Meßergebnisse konnte der Betriebsdruck ohne Gefährdung der Sicherheit erhöht werden.

Da, abgesehen von Abweichungen der Türme voneinander, sich entsprechende Reihen von Meßstreifen gleiche Meßwerte liefern müßten, ließen diese Messungen bei Ausschluß systematischer Fehler Schlüsse auf die absolute Genauigkeit des Verfahrens ziehen.

Nach Rechnungen von G. RÖPER ist die hier erreichte Genauigkeit mit 98 % Wahrscheinlichkeit besser als $\pm$ 9,2 %, bezogen auf eine Dehnung von 0,94 ‰. In dieses Ergebnis gehen jedoch noch die Unsymmetrien der Türme ein.

Die tatsächliche Meßgenauigkeit dürfte deshalb höher liegen, und zwar innerhalb $\pm$ 5 %, bezogen auf die gleiche Dehnung. Sie ist im wesentlichen durch die Toleranz des vom Hersteller angegebenen k-Faktors bedingt, der sich der genauen Kontrolle durch den Verbraucher entzieht.

Da bei den Messungen mit etwa 40 Meßstellen je Turm die Aufspannung von aufsetzbaren Dehnungsmessern schwierig gewesen wäre und Krümmungshalbmesser bis herunter zu 30 mm auftraten, waren die Dehnungsmeßstreifen hier als Meßmittel am Platze.

b) Dehnungsmessungen an zwei Freileitungsmasten

Während eines Umbruchversuches an zwei Freileitungsmasten sollten die Dehnungen in den einzelnen Stäben zur Prüfung der der Konstruktion zugrunde gelegten Berechnung gemessen werden. Zwischen den beiden Masten, Abb. 23, war eine Bauhütte aufgeschlagen worden, in der die Meßgeräte standen, die mit den einzelnen Meßstellen durch Kabel verbunden waren. An den mit "Kraftangriff" bezeichneten Stellen waren Zugseile angebracht, durch die die Maste bis zur Zerstörung belastet werden konnten.

Der Schaltungsaufbau entspricht Abb. 20; an Stelle des Umschalters wurde hier ein selbstgebautes Umsteckgerät für 48 Meßstreifen verwendet, das so eingerichtet war, daß zu jeder Meßstelle jeder beliebige Kompensationsstreifen zugeschaltet werden konnte. Mit dieser Einrichtung war es möglich, für eine ganze Gruppe nahe beieinanderliegender Meßstreifen, die sicher der gleichen Temperatur ausgesetzt waren, mit nur einem Kompensationsstreifen auszukommen. Die sich hierdurch ergebende Ersparnis an Dehnungsmeßstreifen wurde jedoch durch den höheren Verbrauch an Meßleitungen teilweise aufgewogen.

Die Meßstreifen GM 4472 wurden in einer gedeckten Halle auf die einzelnen Stäbe geklebt und mit Gummikappen geschützt. Erst dann wurden die Masten zusammengesetzt, aufgestellt und die Meßleitungen verlegt. Sie waren bis zu 25 m lang und bestanden aus kunststoffisoliertem Kupferdraht von 0,8 mm Dmr. Das Umsteckgerät bewährte sich sehr gut, da hierfür sehr gute Stecker und Steckbuchsen verwendet worden waren. Als Meßbrücke wurde die bereits erwähnte benutzt.

Aus den Ergebnissen der Messungen konnten einerseits den Konstrukteuren wertvolle Hinweise gegeben werden; zum andern ließ sich aus vergleichenden Betrachtungen einzelner Meßstreifengruppen auf die Zuverlässigkeit der Meßergebnisse schließen.

Die Messungen hätten sicher auch mit Saitendehnungsgebern erfolgreich durchgeführt werden können; nur ist es nicht einfach, in hohen Masten herumzuklettern und dort Geber aufzuspannen. Ein Aufspannen der Geber am Erdboden vor dem Aufstellen der Maste kam wegen der Gefährdung der Geräte nicht in Frage; weiterhin war beim Umbruch der Maste auch mit der Zerstörung einiger dieser verhältnismäßig teuren Geber zu rechnen.

c) Dehnungsmessungen an einer Rheinbrücke

Das Ziel der Messungen war, die Dehnungen im Obergurt einer Straßenbrücke in Kastenbauart bei vorgegebener Belastung durch schwere Fahrzeuge zu bestimmen, so daß die Berechnung durch Meßwerte geprüft werden konnte.

Abb. 24 zeigt den Versuchsaufbau. Nach dem Einfahren der zur Belastung dienenden Dampfwalze auf vorher festgelegte Punkte wurde die Dehnung an 20 Meßstreifen ermittelt, die auf den Längs- und auf den Querträgern angebracht waren. Die Meßgeräte befanden sich dabei im Innern des Brückenkastens. Die Meßeinrichtung und die Meßstreifen waren die gleichen, wie sie bei den Freileitungsmasten verwendet worden waren.

Forschungsberichte des Wirtschafts- und Verkehrsministeriums Nordrhein-Westfalen

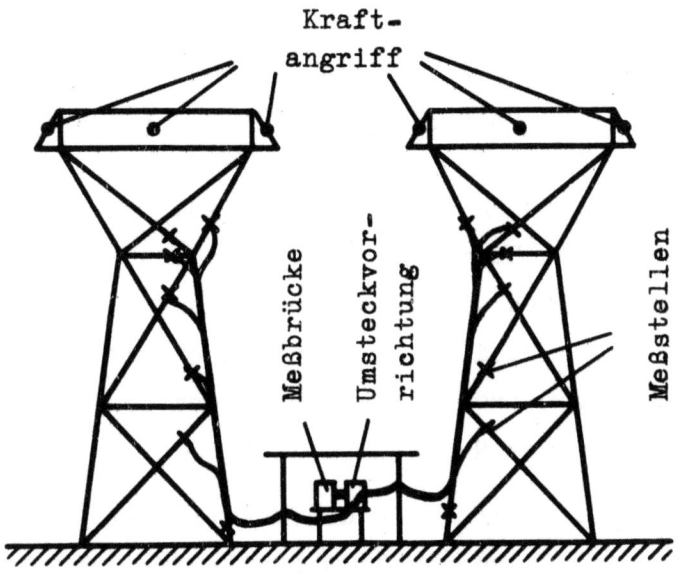

Abbildung 23

Versuchsaufbau zur Dehnungsmessung an zwei Freileitungsmasten (schematisch)

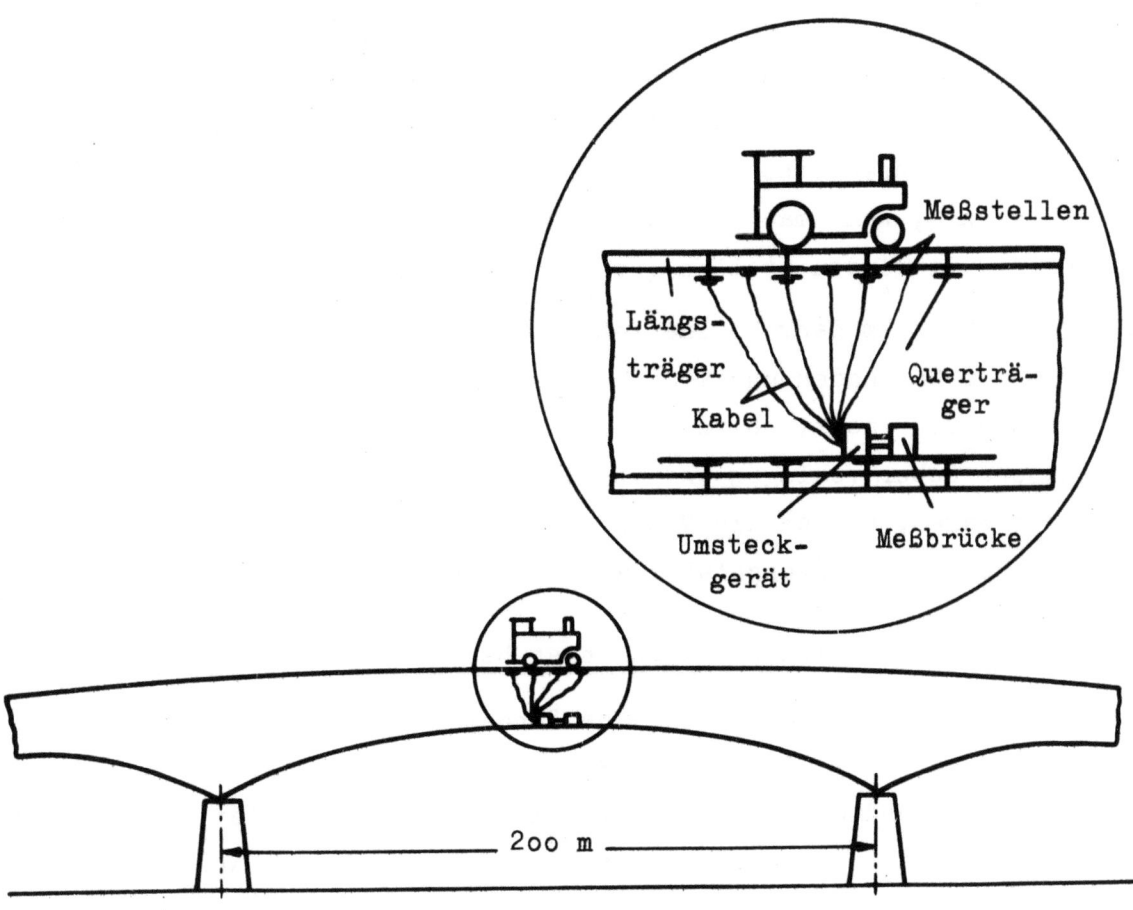

Abbildung 24

Schema zur Dehnungsmessung an einer Kastenträgerbrücke

Zur Aufnahme der Temperaturkompensations-Streifen dienten kurze T-Profilträger aus dem gleichen Werkstoff wie die Brücke, die mit Schraubzwingen in der Nähe der Meßstellen angeschraubt waren. Da die Messung nachts - also ohne Sonneneinwirkung - stattfand, durfte die so erzielte Temperaturkompensation als ausreichend angesehen werden. Das Kleben der Meßstreifen über Kopf - wie es hier nötig war - machte keine besonderen Schwierigkeiten. Zwar zeigten die gemessenen und die berechneten Einflußlinien im wesentlichen den gleichen Verlauf, doch wichen die Werte teilweise um mehr als 1oo % voneinander ab. Der Grund lag in den nicht genau erfüllten Voraussetzungen des Rechenansatzes.

Zum Vergleich wurde unmittelbar neben den Meßstreifen gleichzeitig mit Maihak-Saitendehnungsmessern gemessen. Die mittlere Abweichung der Meßergebnisse beider Verfahren voneinander war kleiner als $\pm 2 \times 10^{-6}$ Dehnung. Bei 66 von im ganzen 7o Vergleichswerten war die Abweichung kleiner als $\pm 5 \times 10^{-6}$ Dehnung. Allerdings lassen diese Werte noch keine Schlüsse auf die Genauigkeit des k-Faktors der Meßstreifen zu, da es sich im allgemeinen um Dehnungen in der Größenordnung von 1o bis 2o $\times 10^{-6}$ Dehnung handelte. Bei den wenigen Meßwerten über 1oo $\times 10^{-6}$ Dehnung zeigten beide Verfahren eine mittlere Übereinstimmung innerhalb $\pm 2 \%$, ein gutes Ergebnis, wenn man bedenkt, daß die Vergleichswerte an bis zu 2o cm auseinander liegenden Stellen gewonnen wurden.

Da es sich hier um sehr kleine Dehnungen handelte und die Nachweisempfindlichkeit der Saitendehnungsmesser etwa eine Zehnerpotenz höher als die der Meßstreifen liegt, weiter auch günstige Aufspannmöglichkeiten für mechanische Geber vorlagen und verhältnismäßig wenige Meßstellen zu untersuchen waren, hätten die Messungen mit Saitendehnungsgebern genauer und auch schneller durchgeführt werden können.

d) Walzdruck- und Walzarbeitsmessungen beim Kaltwalzen von Bandstahl

Zum Studium der beim Kaltwalzen von Bandstählen erforderlichen Kräfte und Leistungen wurde ein Versuchswalzwerk mit Einrichtungen zum Messen des Walzdrucks und des Walzenantriebsmomentes ausgerüstet (8)(14). Um die Maßhaltigkeit des gewalzten Bandes nicht durch die Nachgiebigkeit der Druckmeßdosen, die in den Kraftfluß eingeschaltet werden sollten, zu verringern, mußte der Meßweg möglichst klein gehalten werden. Eine Möglichkeit, diese Forderung weitgehend zu erfüllen, bot der Dehnungsmeßstreifen.

Es wurde deshalb auf beiden Seiten des Walzenständers zwischen Druckspindel und Lagereinbaustück je eine rohrförmige Druckmeßdose von kleiner Bauhöhe eingeschoben, die für 30 t Höchstlast ausgelegt war. Die elastische Verformung des Meßkörpers während der Belastung ist ein Maß für den zu messenden Walzdruck. Die Drehkraft wurde unmittelbar auf dem Wege über die elastische Verdrehung der beiden Antriebswellen ermittelt. Abb. 25 gibt schematisch das Versuchswalzwerk mit den Druck- und Drehkraftmeßeinrichtungen wieder.

Auf den Umfang der Antriebswellen und der Druckmeßkörper gleichmäßig verteilt wurden je vier Dehnungsmeßstreifen GM 4474 geklebt, Abb. 26, zum Schutz gegen Feuchtigkeit mit Paraffin überzogen und gemäß Abb. 27 zu einer Wheatstoneschen Brücke zusammengeschaltet. Alle Dehnungsmeßstreifen waren bei der Beanspruchung aktiv und lieferten in der hier verwendeten Schaltung einen Beitrag zur Anzeige, wodurch die Meßempfindlichkeit gegenüber nur einem Dehnungsmeßstreifen um den Faktor 2,6 erhöht wurde. Durch die geometrische Anordnung der Dehnungsmeßstreifen auf der Oberfläche der Druckmeßkörper konnte außerdem die Wirkung eines ungleichmässigen Kraftflusses auf die Meßergebnisse weitgehend ausgeschaltet werden; ein ungleichmäßiger Kraftfluß über den Querschnitt entsteht nämlich bei Druckmeßkörpern kurzer Bauhöhe sehr leicht, wenn die Kraft außermittig und (oder) schräg angreift, auch bei der Messung des Walzenantriebsmomentes war durch die Art der Verteilung der Dehnungsmeßstreifen sichergestellt, daß Längs- und Biegespannungen der Wellen die Drehkraftanzeige nicht beeinflußten. Zum Erhöhen der Meßempfindlichkeit waren beide Druckspindeln, die reichlich dick bemessen waren, auf den halben Durchmesser abgedreht worden.

Alle vier Meßstreifenbrücken wurden mit der stabilisierten Gleichspannung eines Netzanschlußgerätes gespeist. Zum Ablesen des Walzdrucks und der Drehkraft diente je ein Einbau-Strommesser mit 50 µA Meßbereich, der bei der Nennlast voll ausgesteuert war, ohne daß ein Verstärker zwischengeschaltet zu werden brauchte. Bei den Drehkraftmessungen mußten die vier Eckpunkte jeder Wheatstoneschen Brücke über je vier isolierte Kohleschleifringe und einen doppelten Kohlebürstensatz mit der Gleichspannungsquelle und dem Anzeigegerät verbunden werden. Jede Vierergruppe der Meßstreifen konnte für sich allein auf die Anzeigeeinrichtung geschaltet werden. Durch elektrische Mittelung ließen sich Unsymmetrien in den Druckspindeln und im Antrieb ausschließen.

Forschungsberichte des Wirtschafts- und Verkehrsministeriums Nordrhein-Westfalen

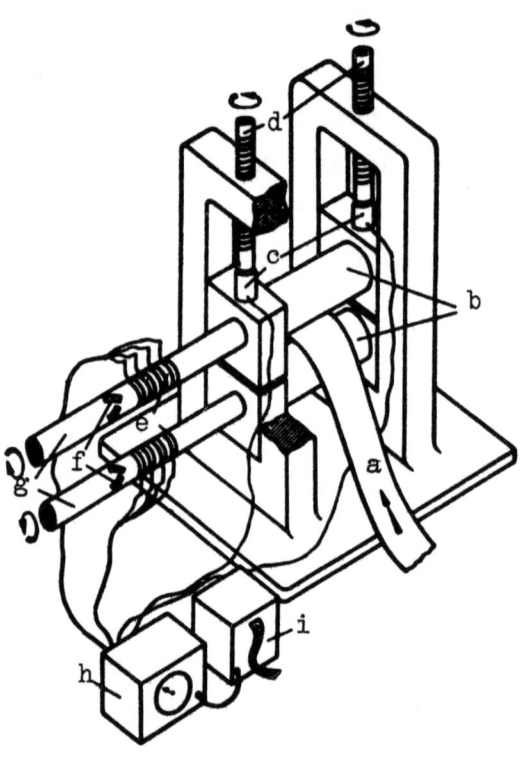

Abbildung 25

Gesamtaufbau

a) einlaufendes Walzgut
b) Walzen
c) Druckmeßdosen
d) Druckspindeln
e) Schleifringe mit Bürsten
f) Meßstreifen für die Drehmomentmessung
g) Antriebswellen
h) Anzeigegerät
i) Registriergerät

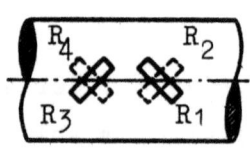
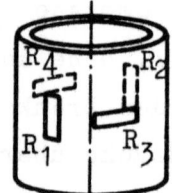

Abbildung 26

Anordnung der Meßstreifen

Ermittlung von Walzdruck und Walzarbeit an einem Versuchswalzwerk

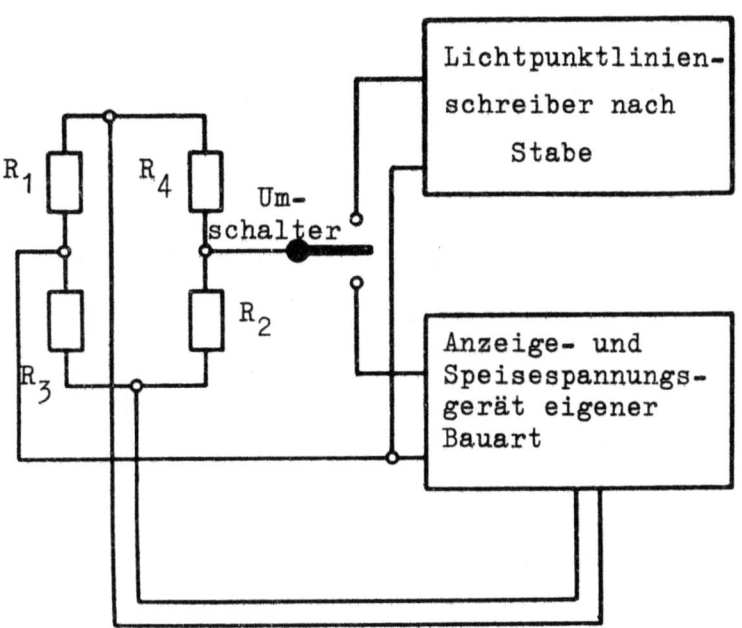

Abbildung 27

Schaltbild, R_1 bis R_4 Dehnungsmeßstreifen

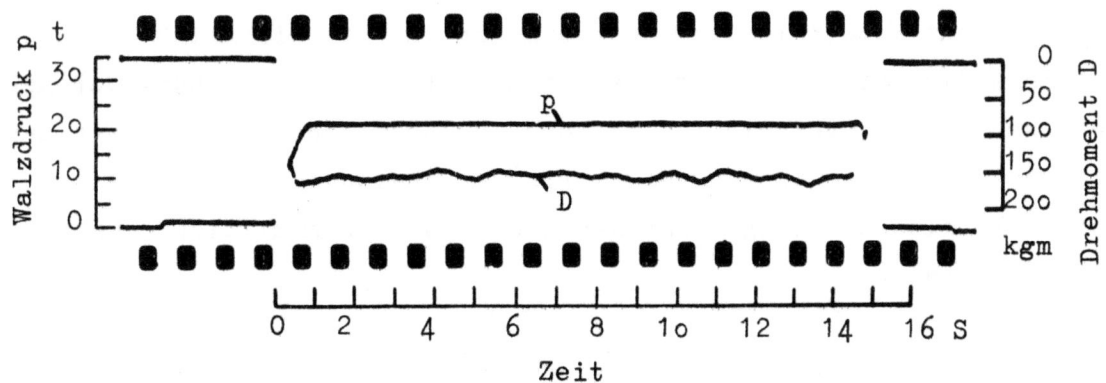

Abbildung 28

Zeitlicher Verlauf des Walzdrucks p und des Walzenantriebsmomentes D

Ermittlung von Walzdruck und Walzarbeit an einem Versuchswalzwerk

Statt der beiden Anzeigegeräte für den Walzdruck und die Drehkraft konnten zwei Meßwerke eines Lichtpunktlinienschreibers nach Stabe (Hartmann & Braun) angeschlossen werden, der die langsamen Änderungen des Walzdrucks oder der Drehkraft - die Eigenfrequenz der Meßwerke betrug etwa 5 Hz - verstärkerlos aufschrieb.

Abb. 28 zeigt den zeitlichen Verlauf des Walzdrucks und der Drehkraft während des Kaltwalzens eines Streifens aus Bandstahl. Der Walzdruck blieb während des Auswalzens konstant, denn Dicke und Breite des Walzgutes waren gleichmäßig und zudem die Oberfläche blank. Die Schwankungen im zeitlichen Verlauf des Drehmomentes rühren vermutlich vom Kammwalzgerüst her.

Zwecks Überprüfung des Stichplanes wurde auch beim betriebsmäßigen Kaltwalzen von Bandstahl der Walzdruck in einer Vierwalzen-Kaltwalzmaschine ermittelt (8)(14). Mit der schon beim Versuchswalzen benutzten Meßeinrichtung konnten Genauigkeiten der Ablesung und der Registrierung von ± 3 % der Höchstlast von 150 t erzielt werden.

Vergleicht man das zur Kraftmessung angewandte Meßstreifenverfahren mit anderen elektrischen, z.B. induktiven, magnetoelastischen, kapazitiven oder piezoelektrischen Verfahren, so liegt der Vorteil der Dehnungsmeßstreifen auf der Hand. Zunächst ist der Aufbau des Kraftmeßkörpers sowie der Drehmoment-Meßeinrichtung sehr einfach und übersichtlich. Außerdem verhindert die Befestigungsart der Meßstreifen eine Fälschung der Meßergebnisse durch unvermeidliche Erschütterungen. Schließlich kann man durch geeignete Anordnung und elektrische Schaltung der Meßstreifen unerwünschte Einflüsse infolge schrägen und (oder) außermittigen Kraftangriffs ausschalten.

II. Messung zeitlich veränderlicher Beanspruchungen
a) Nachprüfung der Lastanzeige von Dauerschwingprüfmaschinen

Durch Messungen mit Dehnungsmeßstreifen unmittelbar an den wechselbelasteten Werkstoffproben und Bauteilen war festgestellt worden, daß in einer Reihe von Fällen die tatsächliche Beanspruchung des Prüflings je nach der Beanspruchungsart, der Höhe der Prüflast und der Prüffrequenz sowie je nach dem Schwingweg der Probe und dem Maschinenzustand nicht der angezeigten Last einer Dauerschwingprüfmaschine entsprach (6).

Forschungsberichte des Wirtschafts- und Verkehrsministeriums Nordrhein-Westfalen

In Zusammenarbeit mit den Herstellern und Besitzern von Dauerschwingprüfmaschinen wurden an einer größeren Anzahl Maschinen verschiedener Bauart Versuche ausgeführt mit dem Ziel, die unerwünschten Einflüsse verschiedener Art festzustellen, zu berücksichtigen oder wenn möglich zu beseitigen (13)(16). Besondere Aufmerksamkeit galt dabei den öldruckbetätigten Pulsatoren. Bei der Universal-Schwingprüfmaschine, Abb. 29, wird die Probe abwechselnd auf Zug und Druck beansprucht. Zwei Öldruckpumpen wirken auf zwei Zylinder mit gegenläufigen Arbeitskolben. Die Wechselbeanspruchung entsteht durch periodisches Entlasten des vorgespannten Öles mittels eines dritten, exzentrisch angetriebenen Druckkolbens (Pulsators).

Zum Prüfen der Lastanzeige der untersuchten Prüfmaschinen dienten Werkstoffproben oder Bauteile, auf die Dehnungsmeßstreifen mit 600 Ω elektrischem Widerstand und einem k-Faktor von 2,0 geklebt waren. Bei zug- oder druckbeanspruchten Proben wurde je ein Meßstreifen in Richtung der Probenlängsachse auf zwei gegenüberliegende Seiten des Stabes geklebt. Durch Reihenschaltung der Streifen (Aktivgeber) ließ sich der Einfluß ungleichmäßiger Beanspruchungen des Prüfkörpers ausschalten. Zum Ausgleich von Temperatureinflüssen auf die Dehnungsanzeige wurde ein zweiter, unbeanspruchter Probestab in der gleichen Weise mit Dehnungsmeßstreifen versehen. Beide Meßstreifenpaare (Aktiv- und Blindgeber) bildeten benachbarte Zweige einer Wheatstoneschen Brücke.

Zum Messen von Biegebeanspruchungen wurden zwei Dehnungsmeßstreifen beiderseits der neutralen Faser auf die Probe geklebt und waren so den zu messenden Beanspruchungen unterworfen. Sie bildeten wieder benachbarte Zweige einer Wheatstoneschen Brücke.

Die bei der Wechselbeanspruchung auftretenden Widerstandsänderungen der Dehnungsmeßstreifen wurden nach einem Gleichstromverfahren oder nach dem Trägerfrequenzverfahren, in einigen Fällen auch nach beiden Verfahren aufgenommen. Dabei stimmten die erhaltenen Meßwerte innerhalb der Meßgenauigkeit überein.

Beim Gleichstromverfahren, Abb. 30, wurde die im Takte der Wechselbeanspruchung der Dehnungsmeßstreifen entstehende elektrische Wechselspannung aus dem Diagonalzweig der Wheastoneschen Brücke dem widerstandsgekoppelten Verstärker (RC-Verstärker) eines Kathodenstrahloszillographen GM 3156 zugeführt. Da mit dem RC-Verstärker nur zeitlich veränderliche

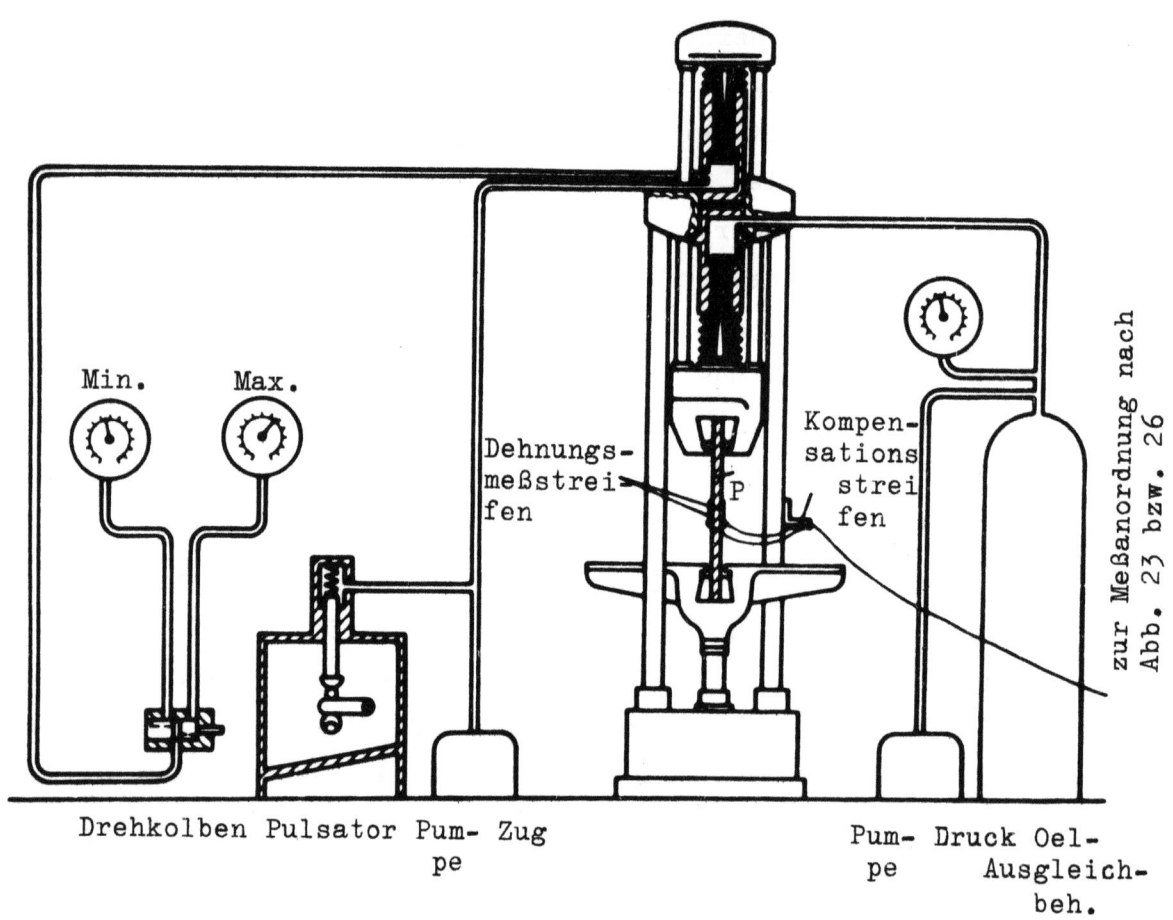

Abbildung 29
Übersichtsschema

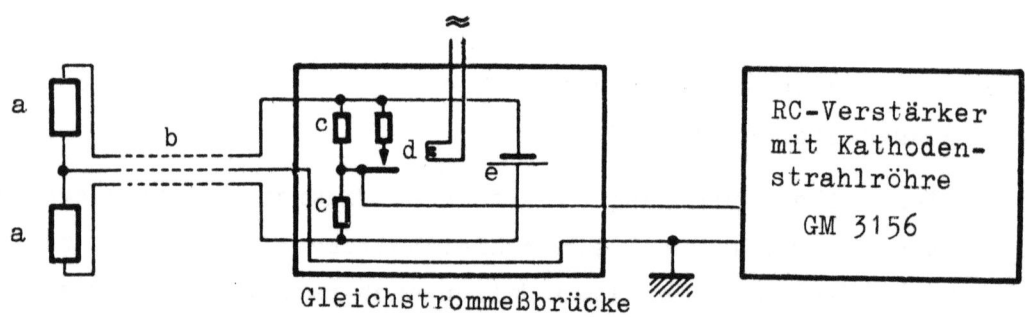

Abbildung 30
Meßanordnung beim Gleichstromverfahren

a) Dehnungsmeßstreifen, b) Kabel, c) Brückenvergleichswiderstände,
d) Schwingkontaktunterbrecher (Zerhacker) mit Parallelwiderstand (zum Eichen) e) Spannungsquelle (12-V-Batterie)

Nachprüfung der Lastanzeige einer öldruckbetriebenen
Dauerschwingprüfmaschine

Vorgänge aufgenommen werden konnten, war es nicht möglich, die absoluten Werte der Oberlast P_o und der Unterlast P_u zu bestimmen; es ließ sich nur die reine Wechselbelastung der Probe, also die Differenz $P = P_o - P_u$, ermitteln. Der selbstgebaute Eingangsschaltkasten enthielt noch einen Schwingkontaktunterbrecher d, der zum Eichen dem einen Brückenzweig einen Festwiderstand periodisch parallelschaltete. Die Höhe der auf diese Weise im Schirmbild erhaltenen Rechteckkurve entsprach der durch die Parallelschaltung gegebenen relativen Widerstandsänderung. Andererseits war durch das Eichen bei ruhender Last der Zusammenhang zwischen der Kraft, die auf den Prüfling wirkt, und der relativen Widerstandsänderung der aufgeklebten Meßstreifen ermittelt worden. Somit war die Höhe des Schirmbildes der Braunschen Röhre in Krafteinheiten auswertbar. Die Meßgenauigkeit der Wechselbeanspruchungs-Messungen nach dem Gleichstromverfahren betrug $\pm$ 3 %, bezogen auf 0,5 ‰ Dehnung.

Beim Trägerfrequenzverfahren betreibt man die Wheatstonesche Brücke mit Wechselspannung. Die in Abb. 30 eingezeichnete Gleichstrommeßbrücke wurde gegen eine direkt anzeigende Dehnungsmeßbrücke GM 5536 ausgewechselt (16). Die Wechselbeanspruchung der Probe konnte nach diesem Verfahren mit einer Meßgenauigkeit von nur rd. $\pm$ 5 %, bezogen auf 0,5 ‰ Dehnung, bestimmt werden.

Abb. 31 gibt eine Ansicht der gesamten Meßanordnung wieder. In diesem Falle wurde eine Eisenbahnschiene S 49, auf deren Kopf und Fuß je ein Dehnungsmeßstreifen geklebt war, Biegebelastungen ausgesetzt. Da die Schiene nicht sehr steif ist, waren die Schwingwege wesentlich größer als bei Zug- oder Druckproben. Die nach dem Gleichstrom- und nach dem Trägerfrequenzverfahren aufgenommenen Schwingungsbilder zeigt Abb. 32.

Die Messungen an vielen Dauerschwingprüfmaschinen haben gezeigt, daß man im allgemeinen Fehler in der Lastanzeige einer Dauerschwingprüfmaschine ohne direkte Messung der Belastung der Probe während des Schwingens nicht erkennen kann. Es ist also oft nötig, die tatsächlich in einem Prüfling während eines Schwingversuches wirksame Belastung zu messen und außerdem regelmäßig nach bestimmten Betriebszeiten die Maschine nachzuprüfen.

Durch die Verwendung von Dehnungsmeßstreifen bei den Schwingungsmessungen wurden Fehler infolge von Trägheitskräften sicher vermieden. Trotzdem wird man danach streben, im vorliegenden Fall den Dehnungsmeßstreifen durch einen aufsetzbaren, d.h. schneller meßbereiten Geber, z.B. einen

Abbildung 31

Messung der Biegeschwellbeanspruchung mit Hilfe
von Dehnungsmeßstreifen

a) Dauerschwingprüfmaschine
b) auf Biegung beanspruchte Probe
c) Dehnungsmeßbrücke für dynamische Dehnungen
d) Kathodenstrahl-Oszillograph

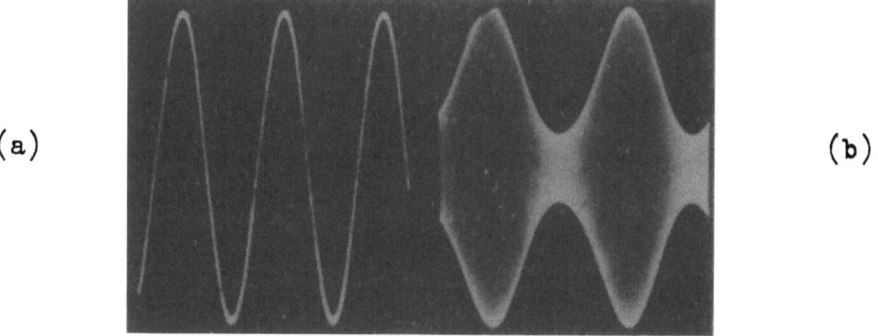

Abbildung 32

Schwingungsbilder einer Biegeschwellbeanspruchung, aufgenommen

a) nach dem Gleichstromverfahren
b) nach dem Trägerfrequenzverfahren

Nachprüfung der Lastanzeige einer öldruckbetriebenen
Dauerschwingprüfmaschine

induktiven Dehnungsgeber, zu ersetzen. Die Kontrolle, ob ein solcher Geber den aufzunehmenden Vorgang verzerrungsfrei wiedergibt, ist vorher jedoch mit Dehnungsmeßstreifen vorzunehmen.

b) Dehnungsmessungen an einer Verladebrücke

An einer älteren Verladebrücke, deren Pflege in der Kriegszeit sehr vernachlässigt worden war, sollten die bei rauhem Betrieb in den einzelnen Stäben auftretenden Dehnungen ermittelt werden, damit man daraus auf die Sicherheit der ganzen Konstruktion schließen konnte, Abb. 33.

Zunächst wurden die theoretisch am höchsten beanspruchten Stäbe mit Hilfe einer Meßbrücke für statische Dehnungen SD 1 von Brandau mit Meßstreifen GM 4472 bei vorgegebener Belastung untersucht. Die Meßgeräte waren unmittelbar neben den Meßstellen eingebaut, damit wenig Kabel gebraucht wurden. Abb. 34 zeigt einen Meßplatz im Obergurt der Verladebrücke. Das Winkelstück c mit dem aufgeklebten Kompensationsgeber liegt lose auf dem Obergurt. So wird keine Dehnung übertragen, und es ist gleiche Temperatur von Meßstelle und Kompensationsgeber gewährleistet. Vergleichsmessungen an einem etwa 150 mm entfernt liegenden Meßstreifen mit der Meßbrücke GM 4571 lieferten im Mittel innerhalb $\pm$ 3 % übereinstimmende Ergebnisse. Diese Abweichungen erklären sich teilweise aus dem über die Länge der Stäbe ungleichmäßigen Verlauf der Dehnung.

Für die dynamischen Messungen standen zwei Meßeinrichtungen in einem Meßwagen zur Verfügung. Deshalb konnte man einmal die Zugkraft im Zugseil des Greifers und die Dehnung an einer Meßstelle, zum anderen die Dehnungen je zweier Stäbe gleichzeitig bei rauhem Betrieb messen. Zur Anzeige der Zugkraft diente ein zylindrischer Zugstab (Abb. 33), auf den zwei Dehnungsmeßstreifen geklebt waren. Er war an seinen Enden so gelagert und im Verhältnis zu seinem Durchmesser so lang, daß man den Einfluß eines außermittigen Kraftangriffs nicht zu befürchten brauchte und mit zwei Dehnungsmeßstreifen auskommen konnte. Die relative Widerstandsänderung dieser Meßstreifen war vorher als Funktion der Zugkraft in einer Zerreißmaschine ermittelt worden. Die Dehnungsmeßstreifen auf den Stäben der Brücke wurden sowohl für die statischen als auch für die dynamischen Messungen benutzt.

Abb. 35 gibt die Meßeinrichtung schematisch wieder. Den Kanal I bildete bei diesen Versuchen das Trägerfrequenzmeßgerät für statische und dynamische Dehnungen DD 1 von Brandau mit 5 000 Hz Trägerfrequenz, das vor

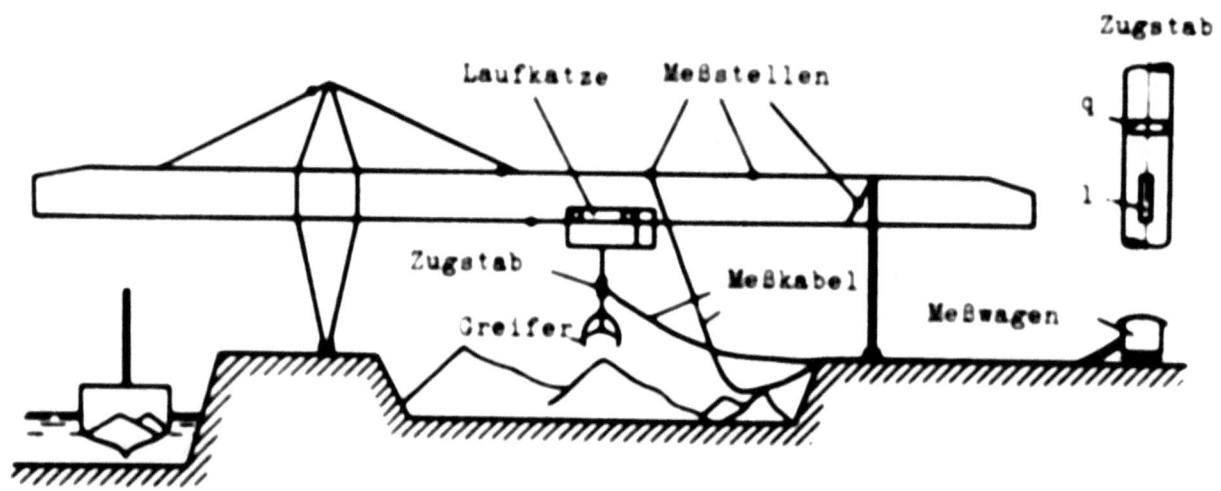

Abbildung 33
Versuchsanordnung

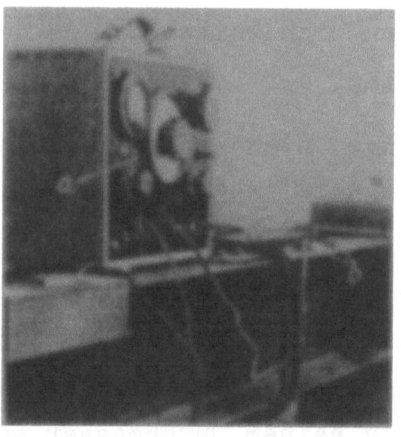

Abbildung 34

Meßplatz auf dem Obergurt der Verladebrücke

a) Meßbrücke für statische Dehnungen
b) zwei mit Gummikappen geschützte Meßstellen
c) unbeanspruchtes Winkelstück mit Kompensationsstreifen

Dehnungsmessungen an einer Verladebrücke

allem zum Aussteuern von Oszillographen-Meßschleifen entwickelt worden war. An dieses Gerät wurde entweder die Meßstelle am Zugstab oder eine andere Meßstelle über ein 1oo m langes, abgeschirmtes Kabel angeschlossen.

Der Kanal II bestand aus der Trägerfrequenzmeßbrücke GM 5536 mit 4 ooo Hz Trägerfrequenz und vorgeschaltetem Umschalt- und Eichgerät GM 5545, das hier nur zum Eichen diente, und dem nachgeschalteten Gleichstrom-Endverstärker EV 213 (Gesellschaft für Nachrichtenanlagen, München). Dieser Kanal wurde durch 8o m abgeschirmtes Kabel mit den Meßstellen verbunden. Die Ausgänge beider Kanäle waren auf je eine Schleife eines Siemens-Schleifenoszillographen geschaltet.

Bei einer Vergleichsmessung mittels zweier nebeneinanderliegender Meßstreifen lieferten beide Kanäle innerhalb ± o,5 % gleiche Ergebnisse, was auf eine gute Meßsicherheit schließen läßt. Beide Kanäle haben bei diesen und anderen Messungen ihre Betriebssicherheit erwiesen.

Der Kanal I enthält nur fünf Funktionsregler. Bei der Aufmerksamkeit, die der Meßvorgang selbst und die Registrierung erfordern, ist eine so einfache Bedienung sehr angenehm, besonders wenn man mit mehreren Kanälen gleichzeitig mißt.

An einem für diese Messungen typischen Schrieb, Abb. 36, erkennt man, wie die Zugkraft im Zugseil beim ruckartigen Anheben des Greifers rasch steigt und beim Absetzen wieder auf Null fällt, während die Dehnung in einem Stab der Brücke langsam in der Frequenz der Eigenschwingung der Brücke ausschwingt. Der Vergleich ähnlicher Schriebe untereinander ergab, daß die größte Dehnung kaum von dem Höchstwert der (kurzzeitigen!) Zugkraft abhängt.

Die Meßergebnisse gewährten einen guten Überblick über die Beanspruchungsverhältnisse der Verladebrücke im rauhen Betrieb; die Sicherheit der Brücke konnte so gut beurteilt werden. Man darf annehmen, daß die statischen Messungen schneller und auch etwas genauer mit aufsetzbaren mechanischen oder akustischen Gebern, die dynamischen schneller mit induktiven Gebern hätten ausgeführt werden können. Für den sehr starken Stößen ausgesetzten Kraftmeßstab kamen jedoch wohl nur Dehnungsmeßstreifen in Frage.

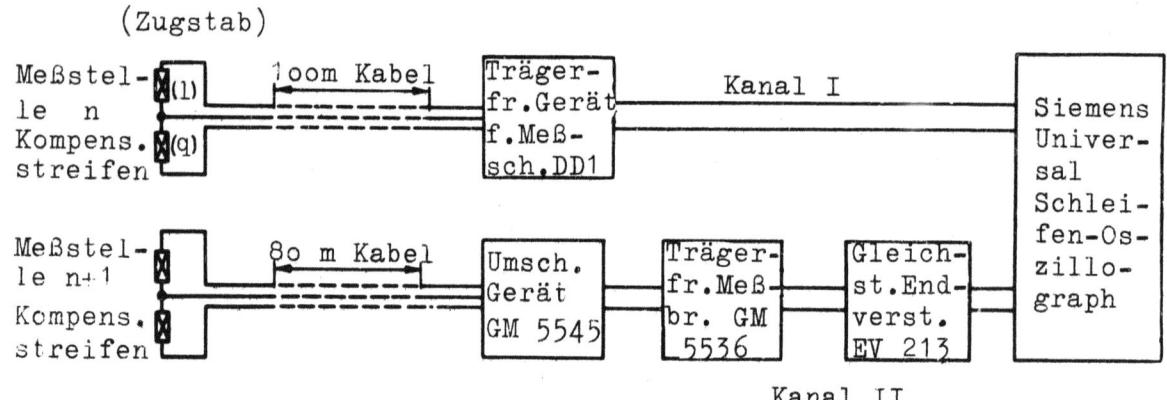

Abbildung 35
Schema der Meßeinrichtung

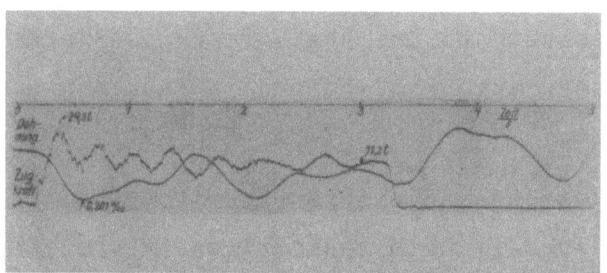

Abbildung 36
Oszillographischer Schrieb der Zugkraft und der Dehnung

Dehnungsmessungen an einer Verladebrücke

c) Dehnungsmessungen an einer Streckmetallstanze

Die Kenntnis des Kraft-Zeit-Verlaufes in den Stösseln einer Streckmetallstanze sollte den Bau größerer Maschinen ermöglichen und erleichtern, denn rechnerisch konnte die Größe der auftretenden Kräfte nicht ermittelt werden. Da man den Kraftverlauf in beiden Stösseln der Stanze, Abb. 37, als gleich annehmen konnte, wurde nur an einem Stössel gemessen. Vier Meßstreifen GM 4474 waren in Längsrichtung (1) und vier in Querrichtung (q) auf den Stössel geklebt und, wie es Abb. 38 zeigt, miteinander verbunden. Man erreicht so eine sehr gute Mittelung über den Umfang des Stössels und

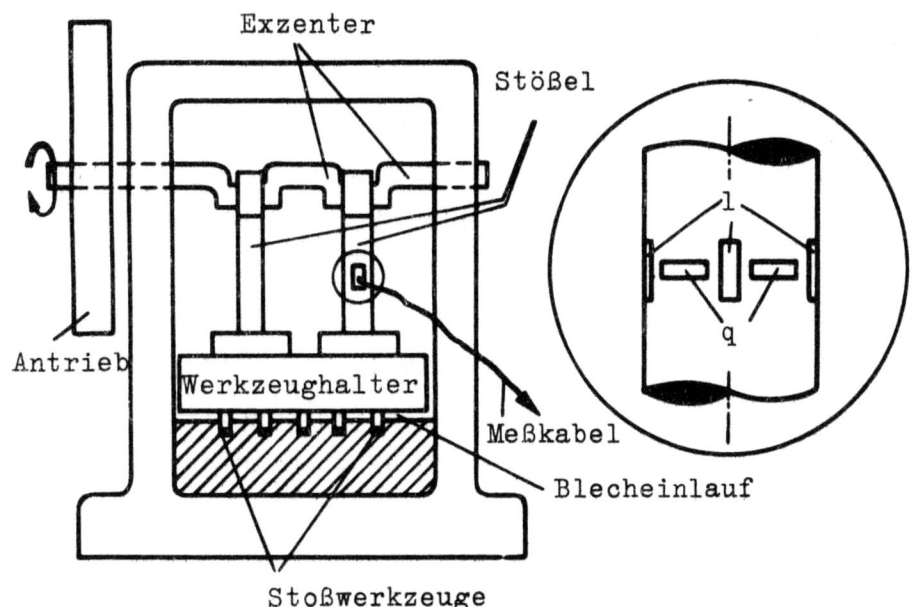

Abbildung 37

Versuchsanordnung

l = Dehnungsmeßstreifen in Längsrichtung
q = Dehnungsmeßstreifen in Querrichtung

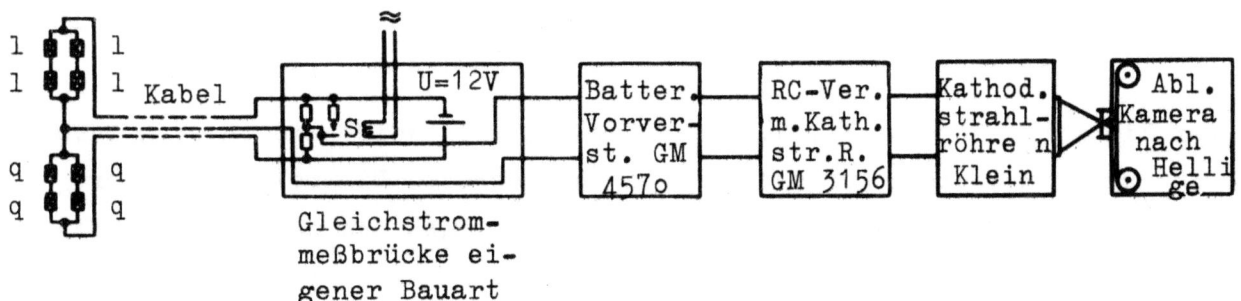

Abbildung 38

Schema der Meßeinrichtung

Messung des Kraftverlaufs an einer Streckmetallstanze

eine rd. 1,3fache Empfindlichkeit, da die Meßstreifen in der Querrichtung eine dem Betrage der Querkontraktion ($\mu = 0{,}3$) entsprechende Dehnung entgegengesetzten Vorzeichens erfahren.

Da es sich hier um einen im Takte der Arbeitsspiele periodisch verlaufenden Vorgang handelte, also keine statische Komponente zu übertragen war, außerdem auch mit hohen Frequenzen gerechnet werden mußte, wurden die Meßstreifen mit Gleichstrom gespeist und die Diagonalspannung der Brücke mit einem Wechselspannungs-(RC)-Verstärker verstärkt, Abb. 38. In Anbetracht der sehr kleinen Dehnungen - sie lagen in der Größenordnung von 0,1 ‰ - wurde vor den RC-Verstärker des Kathodenstrahloszillographen GM 3156 noch ein Batterievorverstärker GM 4570 geschaltet. Während man den Vorgang auf der Röhre des Oszillographen beobachten konnte, wurde er gleichzeitig mit Hilfe einer weiteren Kathodenstrahlröhre von Klein und einer Ablaufkamera von Hellige photographisch festgehalten.

Bis auf den Batterievorverstärker war die Meßeinrichtung gleich derjenigen, die beim Messen von Schwingungsbeanspruchungen nach dem Gleichstromverfahren benutzt worden war. In ähnlicher Weise wurde sie auch geeicht, damit man die Beziehung zwischen der Anzeige der Braunschen Röhre und der Kraft im Stössel kannte. Der 50-Hz-Störpegel des Netzes betrug 3 % der Maximalauslenkung.

Wenn das Arbeiten mit den fünf hintereinandergeschalteten Geräten auch umständlich war, so hat die Anordnung doch ihre Betriebssicherheit erwiesen. Nur der Batterievorverstärker mußte noch zusätzlich in Holzwolle gelagert werden, da er sehr erschütterungsempfindlich ist.

Der Eichschrieb, Abb. 39, wurde in der gleichen Weise wie bei den Dauerschwingprüfmaschinen aufgenommen und ausgewertet. Die relative Widerstandsänderung $\frac{\Delta R}{R}$ wurde zu 0,167 ‰ gewählt. Abb. 40 zeigt den Kraft-Zeit-Verlauf im Stössel. Der Abstand der beiden ausgeprägten Spitzen entspricht der Dauer eines Arbeitsspieles. Die kleineren Zacken sind wohl Reflexionen der Stöße in den einzelnen Maschinenteilen. Die Werte der in dem Stössel auftretenden Kräfte haben sich niedriger herausgestellt, als man vorher erwartet hatte.

Bei diesem Meßverfahren empfiehlt es sich, zur Kontrolle einen Schrieb bei abgeschalteter Meßbrückenspannung U aufzunehmen; sind keine Störungen vorhanden, so erhält man eine Gerade.

Forschungsberichte des Wirtschafts- und Verkehrsministeriums Nordrhein-Westfalen

Die Meßgenauigkeit dürfte besser als $\pm$ 6 % sein. Der Meßstreifen war hier wegen seiner Unempfindlichkeit gegen hohe Beschleunigungen des Meßobjektes und wegen seiner verzerrungsfreien Wiedergabe auch sehr hoher Frequenzen sicherlich allen anderen Dehnungsmessern überlegen.

d) Dehnungsmessungen an einer Rohrstoßbank

Beim Stoßen von nahtlosen Rohren nach dem Ehrhardt-Verfahren sind Temperatur, Kalibrierung und Aufstellung der Stoßringe, Stoßgeschwindigkeit usw. entscheidend für die Wirtschaftlichkeit des Verfahrens. Ein Weg, den Einfluß dieser Größen messend zu verfolgen, besteht in der Ermittlung des Kraft-Zeit-Verlaufes in der Stoßstange. In Abb. 41 sind das Stoßverfahren und die meßtechnische Lösung der Aufgabe schematisch dargestellt.

Der Schlitten wird in der Schlittenführung hin und herbewegt. Dabei stößt die Stoßstange einen Stoßdorn durch Ringe mit immer enger werdenden Bohrungen hindurch und zwingt dadurch einen glühenden, zunächst kurzen Stahlblock, das sog. Lochstück, sich rings um den Dorn anzuschmiegen. Je weiter die Stoßstange mit dem Dorn durchstößt, um so länger und dünner wird dabei das Rohr. Nach Beendigung des Stoßvorganges läuft die Stoßstange zurück, und der Dorn wird aus dem ihn umgebenden Rohr herausgezogen. Der Schlitten legt den rd. 20 m langen Weg mit einer Geschwindigkeit von 3 bis 5 m/sec zurück.

Ähnlich wie an dem Stössel der Streckmetallstanze wurden die Meßstreifen am Ende der Stoßstange aufgeklebt, die man an dieser Stelle etwas abgedreht hatte, um eine höhere Empfindlichkeit zu erhalten und gleichzeitig die Meßstreifen gegen Beschädigung zu sichern, Abb. 42. Sie wurden zum Schutz gegen Feuchtigkeit mit Paraffin überzogen und mit zwei Halbzylindern aus Stahl unter Beigabe von Silikagel als Trockenmittel abgedeckt.

Die Schwierigkeit bestand hier nun darin, die Meßwerte von den Meßstreifen GM 4472 betriebssicher zu den Meßgeräten zu übertragen. Eine gute Lösung fand sich in folgender Einrichtung: Durch ein Zugseil, das eine Seilführung mit einem Gegengewicht dauernd straff gespannt hielt, war eine Kabelrolle von rd. 1 m Dmr. kraftschlüssig mit dem Schlitten verbunden. Während auf der einen Seite der Rolle das Zugseil auf- oder abgewickelt wurde, wickelte sich auf der anderen Seite das Meßkabel unter geringerer Spannung gleichfalls auf oder ab. Um Schleifringe zu vermeiden, führte man ein Ende des Meßkabels durch die hohle Achse der Kabelrolle nach außen; es war so lose verlegt, daß es die Umdrehungen der

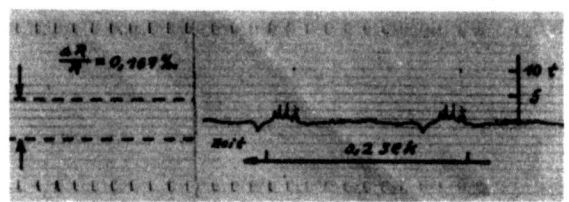

Abb. 39: Eich-   Abb. 40: Kraftverlauf
schrieb   an einem Stössel

Messung des Kraftverlaufs an einer Streckmetallstanze

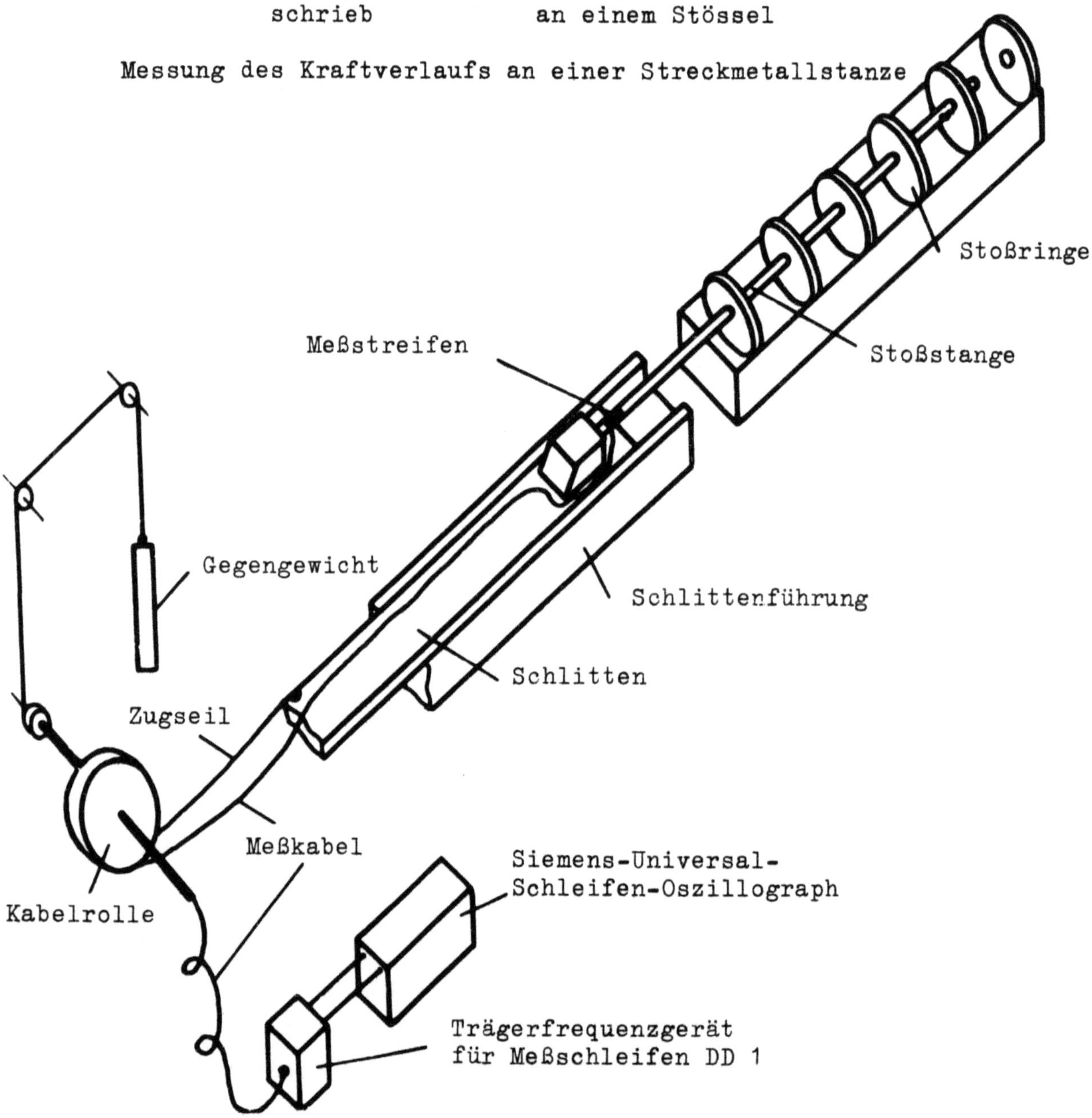

A b b i l d u n g   41

Schema der Rohrstoßbank und der Meßeinrichtung

Aufnahme des zeitlichen Kraftverlaufs an einer Rohrstoßbank

Abbildung 42

Das Ende der Stoßstange mit den Meßstreifen a

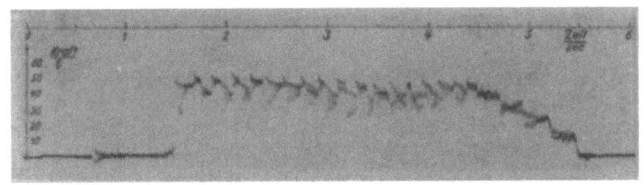

Abbildung 43

Zeitlicher Kraftverlauf an der Stoßstange

Aufnahme des zeitlichen Kraftverlaufs an einer Rohrstoßbank

Rolle - etwa drei nach beiden Richtungen bei jedem Arbeitsspiel - ohne Beschädigung mitmachen konnte. Als Meßkabel diente ein 50 m langes sog. Mikrophonkabel mit drei einzeln abgeschirmten Leitern. Die Meßeinrichtung bestand aus dem bei den Messungen an der Verladebrücke beschriebenen Kanal I für statische und dynamische Dehnungen (Abb. 35) und dem dort auch verwendeten Siemens-Schleifenoszillographen.

Da mit einer getreuen Wiedergabe des Kraft-Zeit-Verlaufes bei der verwendeten Meßschleife nur bis rd. 500 Hz gerechnet werden konnte, wurde der Stoßvorgang zunächst mit der Gleichstrom-Meßeinrichtung aufgenommen, die auch bei der Streckmetallstanze verwendet worden war, weil damit Frequenzen bis zu einigen tausend Hz erfaßbar sind. Es zeigte sich aber wider Erwarten, daß der Frequenzbereich bis 500 Hz völlig genügte.

Trotz der verhältnismäßig hohen Beanspruchung der Stoßstange von rd. 17 kg/mm^2 war infolge der langen Leitungen beim Gleichstromverfahren ein 5o-Hz-Störpegel von rd. 5 % nicht zu vermeiden; bei dem Trägerfrequenzverfahren war dieser Störpegel naturgemäß nicht mehr zu bemerken.

Die Schwingungen und Dehnungen des Kabels beeinflußten die Messung nicht.

In dem aufgenommenen Kraft-Zeit-Diagramm (Abb. 43) erkennt man 18 ausgeprägte Stoßspitzen, die den in diesem Fall eingebauten 18 Ringen entsprechen. Je mehr Ringe sich im Eingriff befinden, um so komplizierter wird entsprechend den vielen Reflexionen der Kurvenverlauf. Die Auswertung dieser Kurven ist noch im Gange; jedenfalls scheint der hier eingeschlagene Meßweg die Voraussetzungen zu weiteren, systematischen Untersuchungen des Rohrstoßverfahrens geschaffen zu haben.

Die absolute Genauigkeit der Messungen dürfte bei rd. ± 3 %, die relative bei ± 1 % liegen. Die absolute Genauigkeit konnte nach Messungen an einem Vergleichsstück, das aus dem gleichen Werkstoff wie die Stoßstange bestand und mehrfach geeicht wurde, beurteilt werden. Ein Maß für die relative Genauigkeit wurde aus der Konstanz der Eichmarken gewonnen. Der Dehnungsmeßstreifen war hier sicherlich das bestgeeignete Meßmittel.

E. Schlußbemerkungen

Der Werkstoff-Forscher bekommt mit dem Dehnungsmeßstreifen ein Meßelement in die Hand, mit dem er das Verhalten der Werkstoffe bei schnellen Beanspruchungen zuverlässig ermitteln kann. Er liefert damit einmal dem Technologen Unterlagen über den Formänderungswiderstand von Werkstoffen bei höheren Beanspruchungsgeschwindigkeiten, wie sie z.B. beim Walzen und Schmieden auftreten. Zum anderen erhält damit der Konstrukteur Werkstoffkenngrößen, die er der Gestaltung von dynamisch beanspruchten Bauteilen zugrunde legen kann.

Der Technologe vermag mit dem Dehnungsmeßstreifen einfach aufgebaute Meßeinrichtungen zu schaffen, mit denen er sowohl bei spanloser als auch bei spanabhebender Formgebung den Kraft- und Leistungsbedarf in seinen Fertigungsanlagen bestimmen kann.

Dem Konstrukteur wird der Dehnungsmeßstreifen für die Spannungsanalyse bei statischer und besonders bei dynamischer Beanspruchung ein vielseitig verwendbares und wertvolles Hilfsmittel sein, um die Gestaltung des Werkstoffes je nach den Betriebsbedingungen seiner Bauteile im Sinne rationeller Werkstoffausnützung vorzunehmen.

Das mit diesen Ausführungen dargelegte Anwendungsgebiet erweitert sich, wenn man daran denkt, daß der Dehnungsmeßstreifen überall dort anwendbar ist, wo sich eine zu messende Größe auf eine Längenänderung zurückführen läßt.

Prof. Dr. phil. F. W E V E R
Dr. rer.nat. K. F I N K
Max-Planck-Institut für Eisenforschung,
Düsseldorf

Forschungsberichte des Wirtschafts- und Verkehrsministeriums Nordrhein-Westfalen

Literaturverzeichnis

1) K. FINK: Der Dehnungsmeßstreifen, ein neuer Meßfühler für statische und dynamische Beanspruchungen von festen Körpern
   Z. VDI 92 (1959) S. 89/94

2) K. FINK: Dehnungs- und Spannungsmessungen mit dünnen Widerstandsdrähten (Dehnungsmeßstreifen)
   Arch.Eisenhüttenw. 21 (1950) S. 129/35

3) K. FINK: Eine dynamische Eichung von Dehnungsmeßstreifen
   Arch.Eisenhüttenw. 21 (1950) S. 137/42

4) "Grundlagen und Anwendungen des Dehnungsmeßstreifens"
   Bearb. v. K. FINK, Verlag Stahleisen, Düsseldorf, 1952, 219 Seiten

5) "Experimentelle Spannungsanalyse" (in Vorbereitung)

6) K. FINK u. M. HEMPEL: Untersuchungen von Dauerschwing-Prüfmaschinen mit Dehnungsmeßstreifen
   Arch.Eisenhüttenw. 22 (1951) S. 265/73

7) K. FINK u. CHR. ROHRBACH: Eigenschaften und Handhabung technischer Dehnungsmeßstreifen
   Arch.Eisenhüttenw. 23 (1952) S. 75/81

8) K. FINK u. W. LUEG: Ziehkraft-, Walzdruck- und Walzarbeitsmessungen mit Dehnungsmeßstreifen
   Arch.Eisenhüttenw. 23 (1952) S. 151/56

9) O. KRISEMENT: Praktische Spannungsanalyse mit Dehnungsmeßstreifen
   Arch.Eisenhüttenw. 23 (1952) S. 157/61

10) CHR. ROHRBACH: Der Dehnungsmeßstreifen als Problem der elektrischen Meßtechnik
    Arch.Eisenhüttenw. 23 (1952) S. 239/43

11) K. FINK u. H. MINTROP: Anwendungen des Dehnungsmeßstreifens in Anlagen für spanende und umformende Fertigung
    Werkstattstechnik und Maschinenbau 42 (1952) S. 281/89

12) K. FINK: Die Grundlagen des Dehnungsmeßstreifenverfahrens
    Aus "Grundlagen und Anwendungen des Dehnungsmeßstreifens" S. 7/28

13) M. HEMPEL u. K. FINK: Ermittlung dynamischer Beanspruchungen in der Werkstoff-Forschung mit Dehnungsmeßstreifen
    Aus "Grundlagen und Anwendungen des Dehnungsmeßstreifens" S. 158/68

14) W. LUEG u. K. FINK: Der Dehnungsmeßstreifen als Hilfsmittel bei der Untersuchung von Formgebungsvorgängen
    Aus "Grundlagen und Anwendungen des Dehnungsmeßstreifens" S. 208/14

15) K. FINK: Zweckmäßige Auswahl von Dehnungsmeßverfahren
   Z. VDI 94 (1952) S. 1037/38

16) M. HEMPEL u. K. FINK: Nachprüfung der Lastanzeige von Dauerschwingprüfmaschinen
   Arch. Eisenhüttenw. 24 (1953) S. 83/91

17) F.R. TUSSING u. CHR. ROHRBACH: Dehnungsmessungen an Teilen der
   Fahrbahnplatte der Rheinbrücke Düsseldorf-Neuß mit
   Dehnungsmeßstreifen
   Der Stahlbau 22 (1953) S. 61/64

18) K. FINK u. CHR. ROHRBACH: Praktische Messungen mit Dehnungsmeßstreifen
   Z. VDI 95 (1953) S. 265/73

FORSCHUNGSBERICHTE DES WIRTSCHAFTS- UND VERKEHRSMINISTERIUMS NORDRHEIN-WESTFALEN

Herausgegeben von Ministerialdirektor Prof. Leo Brandt

Heft 1:
Prof. Dr.-Ing. Eugen Flegler, Aachen,
Untersuchungen oxydischer Ferromagnet-Werkstoffe

Heft 2:
Prof. Dr. phil. Walter Fuchs, Aachen,
Untersuchungen über absatzfreie Teeröle

Heft 3:
Techn.-Wissenschaftl. Büro für die Bastfaserindustrie, Bielefeld,
Untersuchungsarbeiten zur Verbesserung des Leinenwebstuhls

Heft 4:
Prof. Dr. E. A. Müller u. Dipl.-Ing. H. Spitzer, Dortmund,
Untersuchungen über die Hitzebelastung in Hüttenbetrieben

Heft 5:
Dipl.-Ing. Werner Fister, Aachen,
Prüfstand der Turbinenuntersuchungen

Heft 6:
Prof. Dr. phil. Walter Fuchs, Aachen,
Untersuchungen über die Zusammensetzung und Verwendbarkeit von Schwelteerfraktionen

Heft 7:
Prof. Dr. phil. Walter Fuchs, Aachen,
Untersuchungen über emsländisches Petrolatum

Heft 8:
Maria Elisabeth Meffert und Heinz Stratmann, Essen
Algen-Großkulturen im Sommer 1951

Heft 9:
Techn.-Wissenschaftl. Büro für die Bastfaserindustrie, Bielefeld,
Untersuchungen über die zweckmäßige Wicklungsart von Leinengarnkreuzspulen unter Berücksichtigung der Anwendung hoher Geschwindigkeiten des Garnes
Vorversuche für Zetteln und Schären von Leinengarnen auf Hochleistungsmaschinen

Heft 10:
Prof. Dr. Wilhelm Vogel, Köln,
„Das Streifenpaar" als neues System zur mechanischen Vergrößerung kleiner Verschiebungen und seine technischen Anwendungsmöglichkeiten

Heft 11:
Laboratorium für Werkzeugmaschinen und Betriebslehre, Technische Hochschule Aachen,
1. Untersuchungen über Metallbearbeitung im Fräsvorgang mit Hartmetallwerkzeugen und negativem Spanwinkel
2. Weiterentwicklung des Schleifverfahrens für die Herstellung von Präzisionswerkstücken unter Vermeidung hoher Temperaturen
3. Untersuchung von Oberflächenveredlungsverfahren zur Steigerung der Belastbarkeit hochbeanspruchter Bauteile

Heft 12:
Elektrowärme-Institut, Langenberg (Rhld.),
Induktive Erwärmung mit Netzfrequenz

Heft 13:
Techn.-Wissenschaftl. Büro für die Bastfaserindustrie, Bielefeld,
Das Naßspinnen von Bastfasergarnen mit chemischen Zusätzen zum Spinnbad

Heft 14:
Forschungsstelle für Acetylen, Dortmund,
Untersuchungen über Aceton als Lösungsmittel für Acetylen

Heft 15:
Wäschereiforschung Krefeld,
Trocknen von Wäschestoffen

Heft 16:
Max-Planck-Institut für Kohlenforschung, Mülheim a. d. Ruhr,
Arbeiten des MPI für Kohlenforschung

Heft 17:
Ingenieurbüro Herbert Stein, M. Gladbach,
Untersuchung der Verzugsvorgänge in den Streckwerken verschiedener Spinnereimaschinen. 1. Bericht: Vergleichende Prüfung mit verschiedenen Dickenmeßgeräten

Heft 18:
Wäschereiforschung Krefeld,
Grundlagen zur Erfassung der chemischen Schädigung beim Waschen

Heft 19:
Techn.-Wissenschaftl. Büro für die Bastfaserindustrie, Bielefeld,
Die Auswirkung des Schlichtens von Leinengarnketten auf den Verarbeitungswirkungsgrad, sowie die Festigkeits- und Dehnungsverhältnisse der Garne und Gewebe

Heft 20:
Techn.-Wissenschaftl. Büro für die Bastfaserindustrie, Bielefeld,
Trocknung von Leinengarnen I
Vorgang und Einwirkung auf die Garnqualität

Heft 21:
Techn.-Wissenschaftl. Büro für die Bastfaserindustrie, Bielefeld,
Trocknung von Leinengarnen II
Spulenanordnung und Luftführung beim Trocknen von Kreuzspulen

Heft 22:
Techn.-Wissenschaftl. Büro für die Bastfaserindustrie, Bielefeld,
Die Reparaturanfälligkeit von Webstühlen

Heft 23:
Institut für Starkstromtechnik, Aachen,
Rechnerische und experimentelle Untersuchungen zur Kenntnis der Metadyne als Umformer von konstanter Spannung auf konstanten Strom

Heft 24:
Institut für Starkstromtechnik, Aachen,
Vergleich verschiedener Generator-Metadyne-Schaltungen in bezug auf statisches Verhalten

Heft 25:
Gesellschaft für Kohlentechnik mbH., Dortmund-Eving,
Struktur der Steinkohlen und Steinkohlen-Kokse

Heft 26:
Techn.-Wissenschaftl. Büro für die Bastfaserindustrie, Bielefeld,
Vergleichende Untersuchungen zweier neuzeitlicher Ungleichmäßigkeitsprüfer für Bänder und Garne hinsichtlich Ihrer Eignung für die Bastfaserspinnerei

Heft 27:
Prof. Dr. E. Schratz, Münster,
Untersuchungen zur Rentabilität des Arzneipflanzenanbaues
Römische Kamille, Anthemis nobilis L.

Heft: 28:
Prof. Dr. E. Schratz, Münster,
Calendula officinalis L.
Studien zur Ernährung, Blütenfüllung und Rentabilität der Drogengewinnung

Heft 29:
Techn.-Wissenschaftl. Büro für die Bastfaserindustrie, Bielefeld,
Die Ausnützung der Leinengarne in Geweben

Heft 30:
Gesellschaft für Kohlentechnik mbH., Dortmund-Eving,
Kombinierte Entaschung und Verschwelung von Steinkohle; Aufarbeitung von Steinkohlenschlämmen zu verkokbarer oder verschwelbarer Kohle

Heft 31:
Dipl.-Ing. Störmann, Essen,
Messung des Leistungsbedarfs von Doppelsteg-Kettenförderern

Heft 32:
Techn.-Wissenschaftl. Büro für die Bastfaserindustrie, Bielefeld,
Der Einfluß der Natriumchloridbleiche auf Qualität und Verwebbarkeit von Leinengarnen und die Eigenschaften der Leinengewebe unter besonderer Berücksichtigung des Einsatzes von Schützen- und Spulenwechselautomaten in der Leinenweberei

Heft 33:
Kohlenstoffbiologische Forschungsstation e. V.,
Eine Methode zur Bestimmung von Schwefeldioxyd und Schwefelwasserstoff in Rauchgasen und in der Atmosphäre

Heft 34:
Textilforschungsanstalt Krefeld,
Quellungs- und Entquellungsvorgänge bei Faserstoffen

Heft 35:
Professor Dr. Wilhelm Kast, Krefeld,
Feinstrukturuntersuchungen an künstlichen Zellulosefasern verschiedener Herstellungsverfahren

Heft 36:
Forschungsinstitut der feuerfesten Industrie, Bonn,
Untersuchungen über die Trocknung von Rohton.
Untersuchungen über die chemische Reinigung von Silika- und Schamotte-Rohstoffen mit chlorhaltigen Gasen

Heft 37:
Forschungsinstitut der feuerfesten Industrie, Bonn,
Untersuchungen über den Einfluß der Probenvorbereitung auf die Kaltdruckfestigkeit feuerfester Steine

Heft 38:
Forschungsstelle für Acetylen, Dortmund,
Untersuchungen über die Trocknung von Acetylen zur Herstellung von Dissousgas

Heft 39:
Forschungsgesellschaft Blechverarbeitung e. V., Düsseldorf,
Untersuchungen an prägegemusterten und vorgelochten Blechen

Heft 40:
Landesgeologe Dr.-Ing. W. Wolff, Amt für Bodenforschung, Krefeld,
Untersuchungen über die Anwendbarkeit geophysikalischer Verfahren zur Untersuchung von Spateisengängen im Siegerland

Heft 41:
Techn.-Wissenschaftl. Büro für die Bastfaserindustrie, Bielefeld,
Untersuchungsarbeiten zur Verbesserung des Leinenwebstuhles II

Heft 42:
Professor Dr. Burckhardt Helferich, Bonn,
Untersuchungen über Wirkstoffe — Fermente — in der Kartoffel und die Möglichkeit ihrer Verwendung

Heft 43:
Forschungsgesellschaft Blechverarbeitung e. V., Düsseldorf,
Forschungsergebnisse über das Beizen von Blechen

Heft 44:
Arbeitsgemeinschaft für praktische Dehnungsmessung, Düsseldorf,
Eigenschaften und Anwendungen von Dehnungsmeßstreifen

Heft 45:
Losenhausenwerk Düsseldorfer Maschinenbau AG., Düsseldorf,
Untersuchungen von störenden Einflüssen auf die Lastgrenzenanzeige von Dauerschwingprüfmaschinen

Heft 46:
Professor Dr. phil. W. Fuchs, Aachen,
Untersuchungen über die Aufbereitung von Wasser für die Dampferzeugung in Benson-Kesseln

Heft 47:
Prof. Dr.-Ing. habil. Karl Krekeler, Aachen,
Versuche über die Anwendung der induktiven Erwärmung zum Sintern von hochschmelzenden Metallen sowie zur Anlegierung und Vergütung von aufgespritzten Metallschichten mit dem Grundwerkstoff.

Heft 48:
Max-Planck-Institut für Eisenforschung, Düsseldorf,
Spektrochemische Analyse der Gefügebestandteile in Stählen nach ihrer Isolierung

Heft 49:
Max-Planck-Institut für Eisenforschung, Düsseldorf,
Untersuchungen über Ablauf der Desoxydation und die Bildung von Einschlüssen in Stählen

Heft 50:
Max-Planck-Institut für Eisenforschung, Düsseldorf,
Flammenspektralanalytische Untersuchung der Ferritzusammensetzung in Stählen

Heft 51:
Verein zur Förderung von Forschungs- und Entwicklungsarbeiten in der Werkzeugindustrie e. V., Remscheid,
Untersuchungen an Kreissägeblättern für Holz, Fehler- und Spannungsprüfverfahren

Heft 52:
Forschungsstelle für Azetylen, Dortmund,
Untersuchungen über den Umsatz bei der explosiblen Zersetzung von Azetylen
 a) Zersetzung von gasförmigem Azetylen,
 b) Zersetzung von an Silikagel adsorbiertem Azetylen

Heft 53:
Professor Dr.-Ing. H. Opitz, Aachen,
Reibwert- und Verschleißmessungen an Kunststoffgleitführungen für Werkzeugmaschinen

Heft 54:
Professor Dr.-Ing. habil. F. A. F. Schmidt, Aachen,
Schaffung von Grundlagen für die Erhöhung der spez. Leistung und Herabsetzung des spez. Brennstoffverbrauches bei Ottomotoren mit Teilbericht über Arbeiten an einem neuen Einspritzverfahren

Heft 55:
Forschungsgesellschaft Blechverarbeitung, Düsseldorf,
Chemisches Glänzen von Messing und Neusilber

Heft 56:
Forschungsgesellschaft Blechverarbeitung, Düsseldorf,
Untersuchungen über einige Probleme der Behandlung von Blechoberflächen

Heft 57:
Prof. Dr.-Ing. habil. F. A. F. Schmidt, Aachen,
Untersuchungen zur Erforschung des Einflusses des chemischen Aufbaues des Kraftstoffes auf sein Verhalten im Motor und in Brennkammern von Gasturbinen.

Heft 58:
Gesellschaft für Kohlentechnik m. b. H., Dortmund,
Herstellung und Untersuchung von Steinkohlenschwelteer.

VERÖFFENTLICHUNGEN DER ARBEITSGEMEINSCHAFT FÜR FORSCHUNG DES LANDES NORDRHEIN-WESTFALEN

Im Auftrage des Ministerpräsidenten Karl Arnold
Herausgegeben von Ministerialdirektor Prof. Leo Brandt

Heft 1:
Prof. Dr.-Ing. Friedrich Seewald, Technische Hochschule Aachen,
Neue Entwicklungen auf dem Gebiete der Antriebsmaschinen
Prof. Dr.-Ing. Friedrich A. F. Schmidt, Technische Hochschule Aachen,
Technischer Stand und Zukunftsaussichten der Verbrennungsmaschinen, insbesondere der Gasturbinen
Dr.-Ing. R. Friedrich, Siemens-Schuckert-Werke A.-G., Mülheimer Werk,
Möglichkeiten und Voraussetzungen der industriellen Verwertung der Gasturbine

Heft 2:
Prof. Dr.-Ing. Wolfgang Riezler, Universität Bonn,
Probleme der Kernphysik
Prof. Dr. phil. Fritz Micheel, Universität Münster,
Isotope als Forschungsmittel in der Chemie und Biochemie

Heft 3:
Prof. Dr. med. Emil Lehnartz, Universität Münster,
Der Chemismus der Muskelmaschine
Prof. Dr. med. Gunther Lehmann, Direktor des Max-Planck-Instituts für Arbeitsphysiologie, Dortmund,
Physiologische Forschung als Voraussetzung der Bestgestaltung der menschlichen Arbeit
Prof. Dr. Heinrich Kraut, Max-Planck-Institut für Arbeitsphysiologie, Dortmund,
Ernährung und Leistungsfähigkeit

Heft 4:
Prof. Dr. Franz Wever, Max-Planck-Institut für Eisenforschung, Düsseldorf,
Aufgaben der Eisenforschung
Prof. Dr.-Ing. Hermann Schenck, Technische Hochschule Aachen,
Entwicklungslinien des deutschen Eisenhüttenwesens
Prof. Dr.-Ing. Max Haas, Techn. Hochschule Aachen,
Wirtschaftliche und technische Bedeutung der Leichtmetalle und ihre Entwicklungsmöglichkeiten

Heft 5:
Prof. Dr. med. Walter Kikuth, Medizinische Akademie Düsseldorf,
Virusforschung
Prof. Dr. Rolf Danneel, Universität Bonn,
Fortschritte der Krebsforschung
Prof. Dr. med. Dr. phil. W. Schulemann, Univ. Bonn,
Wirtschaftliche und organisatorische Gesichtspunkte für die Verbesserung unserer Hochschulforschung

Heft 6:
Prof. Dr. Walter Weizel, Institut für theoretische Physik, Bonn,
Die gegenwärtige Situation der Grundlagenforschung in der Physik
Prof. Dr. Siegfried Strugger, Universität Münster,
Das Duplikantenproblem in der Biologie
Prof. Dr. Rolf Danneel, Universität Bonn,
Über das Verhalten der Mitochondrien bei der Mitose der Mesenchymzellen des Hühner-Embryos
Direktor Dr. Fritz Gummert, Ruhrgas A.-G., Essen,
Überlegungen zu den Faktoren Raum und Zeit im biologischen Geschehen und Möglichkeiten einer Nutzanwendung

Heft 7:
Prof. Dr.-Ing. August Götte, Technische Hochschule Aachen,
Steinkohle als Rohstoff und Energiequelle
Prof. Dr. e. h. Karl Ziegler, Max-Planck-Institut für Kohlenforschung Mülheim a. d. Ruhr,
Über Arbeiten des Max-Planck-Instituts für Kohlenforschung

Heft 8:
Prof. Dr.-Ing. Wilhelm Fucks, Technische Hochschule Aachen,
Die Naturwissenschaft, die Technik und der Mensch
Prof. Dr. sc. pol. Walther Hoffmann, Universität Münster,
Wirtschaftliche und soziologische Probleme des technischen Fortschritts

Heft 9:
Prof. Dr.-Ing. Franz Bollenrath, Technische Hochschule Aachen,
Zur Entwicklung warmfester Werkstoffe
Dr. Heinrich Kaiser, Staatl. Materialprüfungsamt Dortmund,
Stand spektralanalytischer Prüfverfahren und Folgerung für deutsche Verhältnisse

Heft 10:
Prof. Dr. Hans Braun, Universität Bonn,
Möglichkeiten und Grenzen der Resistenzzüchtung
Prof. Dr.-Ing. Carl Heinrich Dencker, Universität Bonn,
Der Weg der Landwirtschaft von der Energieautarkie zur Fremdenergie

Heft 11:
Prof. Dr.-Ing. Herwart Opitz, Technische Hochschule Aachen,
Entwicklungslinien der Fertigungstechnik in der Metallbearbeitung
Prof. Dr.-Ing. Karl Krekeler, Technische Hochschule Aachen,
Stand und Aussichten der schweißtechnischen Fertigungsverfahren

Heft: 12
Dr. Hermann Rathert, Mitglied des Vorstandes der Vereinigten Glanzstoff-Fabriken A.-G., Wuppertal-Elberfeld,
Entwicklung auf dem Gebiet der Chemiefaser-Herstellung
Prof. Dr. Wilhelm Weltzien, Direktor der Textilforschungsanstalt Krefeld,
Rohstoff und Veredlung in der Textilwirtschaft

Heft: 13
Dr.-Ing. e. h. Karl Herz, Chefingenieur im Bundesministerium für das Post- und Fernmeldewesen Frankfurt a. Main,
Die technischen Entwicklungstendenzen im elektrischen Nachrichtenwesen
Ministerialdirektor Dipl.-Ing. Leo Brandt, Düsseldorf,
Navigation und Luftsicherung

Heft 14:
Prof. Dr. Burckhardt Helferich, Universität Bonn,
Stand der Enzymchemie und ihre Bedeutung
Prof. Dr. med. Hugo W. Knipping, Direktor der Med. Universitätsklinik Köln,
Ausschnitt aus der klinischen Carcinomforschung am Beispiel des Lungenkrebses

Heft 15:
Prof. Dr. Abraham Esau, Technische Hochschule Aachen,
Die Bedeutung von Wellenimpulsverfahren in Technik und Natur
Prof. Dr.-Ing. Eugen Flegler, Technische Hochschule Aachen,
Die ferromagnetischen Werkstoffe in der Elektrotechnik und ihre neueste Entwicklung

Heft 16:
Prof. Dr. rer. pol. Rudolf Seyffert, Universität Köln,
Die Problematik der Distribution
Prof. Dr. rer. pol. Theodor Beste, Universität Köln,
Der Leistungslohn

Heft 17:
Prof. Dr.-Ing. Friedrich Seewald, Technische Hochschule Aachen,
Die Flugtechnik und ihre Bedeutung für den allgemeinen technischen Fortschritt
Prof. Dr.-Ing. Edouard Houdremont, Essen,
Art und Organisation der Forschung in einem Industriekonzern

Heft 18:
Prof. Dr. med. Dr. phil. W. Schulemann, Universität Bonn,
Theorie und Praxis pharmakologischer Forschung
Prof. Dr. Wilhelm Groth, Direktor des Physikalisch-Chemischen Instituts, Universität Bonn,
Technische Verfahren zur Isotopentrennung

Heft 19:
Dipl.-Ing. Kurt Traenckner, Stellvertr. Vorstandsmitglied der Ruhrgas-A.G., Essen,
Entwicklungstendenzen der Gaserzeugung

Heft 21:
Prof. Dr. phil. Robert Schwarz, Aachen,
Wesen und Bedeutung der Silicium-Chemie
Prof. Dr. Kurt Alder, Universität Köln,
Fortschritte in der Synthese von Kohlenstoffverbindungen

Heft 21 a
Jahresfeier der Arbeitsgemeinschaft für Forschung des Landes Nordrhein-Westfalen am 21. 5. 1952 in Düsseldorf mit Ansprachen des Herrn Bundespräsidenten Professor Dr. Theodor Heuss, des Herrn Ministerpräsidenten Arnold, Frau Kultusminister Teusch, der Herren Professor Dr. Hahn, Professor Dr. Strugger, Vizepräsident Dobbert, Professor Dr. Richter, Professor Dr. Fucks.

Heft 22:
Prof. Dr. Johannes von Allesch, Universität Göttingen,
Die Bedeutung der Psychologie im öffentlichen Leben
Prof. Dr. med. Otto Graf, Max-Planck-Institut für Arbeitsphysiologie, Dortmund,
Triebfedern menschlicher Leistung

Heft 23:
Prof. Dr. phil. Dr. jur. h. c. Bruno Kuske, Universität Köln,
Probleme der Raumforschung
Prof. Dr. Dr.-Ing. e. h. Prager,
Städtebau und Landesplanung

Heft 23 a:
M. Zvegintzov, Wissenschaftliche Forschung und die Auswertung ihrer Ergebnisse. Ziel und Tätigkeit der National Research Development Corporation
Dr. Alexander King, Department of Scientific & Industrial Research, London,
Wissenschaft und internationale Beziehungen

Heft 24:
Prof. Dr. Rolf Danneel, Universität Bonn,
Über die Wirkungsweise der Erbfaktoren
Prof. Dr. K. Herzog, Medizinische Akademie Düsseldorf,
Bewegungsbedarf der menschlichen Gliedmaßengelenke bei der Berufsarbeit

Heft 25:
Prof. Dr. O. Haxel, Heidelberg,
Energiegewinnung aus Kernprozessen
Dr. Dr. Max Wolf, Düsseldorf,
Gegenwartsprobleme der energiewirtschaftlichen Forschung

Heft 26:
Prof. Dr. Friedrich Becker, Universität Bonn,
Ultrakurzwellen aus dem Weltraum, ein neues Forschungsgebiet der Astronomie
Dozent Dr. H. Straßl, Bonn,
Bemerkenswerte Doppelsterne und das Problem der Sternentwicklung

Heft 27:
Prof. Dr. Heinrich Behnke, Universität Münster,
Der Strukturwandel der Mathematik in der ersten Hälfte des 20. Jahrhunderts
Prof. Dr. E. Sperner, Bonn,
Eine mathematische Analyse der Luftdruckverteilungen in großen Gebieten

Heft 28:
Prof. Dr. O. Niemczyk, Aachen,
Die Problematik gebirgsmechanischer Vorgänge im Steinkohlenbergbau
Prof. Dr. W. Ahrens, Krefeld,
Die Bedeutung geologischer Forschung für die Wirtschaft, besonders in Nordrhein-Westfalen

Heft 29:
Prof. Dr. B. Rensch, Münster,
Das Problem der Residuen bei Lernleistungen
Prof. Dr. H. Fink, Köln,
Über Leberschäden bei der Bestimmung des biologischen Wertes verschiedener Eiweiße von Mikroorganismen

Heft 30:
Prof. Dr.-Ing. F. Seewald, Aachen,
Forschungen auf dem Gebiete der Aerodynamik
Prof. Dr.-Ing. K. Leist, Aachen,
Forschungen in der Gasturbinentechnik

Heft 31:
Direktor Dr. F. Mietzsch, Wuppertal,
Chemie und wirtschaftliche Bedeutung der Sulfonamide
Prof. Dr. G. Domagk, Wuppertal,
Die experimentellen Grundlagen der Chemotherapie der bakteriellen Infektionen

Heft 32:
Prof. Dr. Hans Braun, Universität Bonn,
Die Verschleppung von Pflanzenkrankheiten und -schädlingen über die Welt
Prof. Dr. Wilhelm Rudorf, Max-Planck-Institut für Züchtungsforschung, Voldagsen,
Der Beitrag von Genetik und Züchtung zur Bekämpfung von Viruskrankheiten der Nutzpflanzen

Heft 33:
Prof. Dr.-Ing. V. Aschoff, Aachen,
Probleme der elektroakustischen Einkanalübertragung
Prof. Dr.-Ing. H. Döring, Aachen,
Erzeugung und Verstärkung von Mikrowellen

Heft 34:
Geheimrat Prof. Dr. Rudolf Schenck, Aachen,
Bedingungen und Gang der Kohlenhydratsynthese im Licht
Prof. Dr. Emil Lehnartz, Universität Münster,
Die Endstufen des Stoffabbaus im Organismus

Heft 35:
Prof. Dr.-Ing. H. Schenk, Aachen,
Gegenwartsprobleme der Eisenindustrie in Deutschland
Prof. Dr.-Ing. E. Piwowarsky, Aachen,
Gelöste und ungelöste Probleme des Gießereiwesens

Geisteswissenschaften

Heft 1:
Prof. Dr. W. Richter, Bonn,
Die Bedeutung der Geisteswissenschaften für die Bildung unserer Zeit
Prof. Dr. J. Ritter, Münster,
Die aristotelische Lehre vom Ursprung und Sinn der Theorie

Heft 2:
Prof. Dr. J. Kroll, Köln,
Elysium
Prof. Dr. G. Jachmann, Köln,
Die vierte Ekloge Vergils

Heft 3:
Prof. Dr. H. E. Stier, Münster,
Die klassische Demokratie

Heft 4:
Prof. Dr. W. Caskel, Köln,
Lihjan und Lihjanisch. Sprache und Kultur eines früharabischen Königreiches

Heft 5:
Prof. Dr. Th. Ohm, Münster,
Stammesreligionen im südlichen Tanganyika-Territorium. — Religionswissenschaftliche Ergebnisse meiner Ostafrikareise 1951

Heft 6:
Prälat Prof. Dr. G. Schreiber, Münster,
Deutsche Wissenschaftspolitik von Bismarck bis zum Atomphysiker Otto Hahn

Heft 7:
Prof. Dr. W. Holtzmann, Bonn,
Das mittelalterliche Imperium und die werdenden Nationen

Heft 8:
Prof. Dr. W. Caskel, Köln,
Die Bedeutung der Beduinen in der Geschichte der Araber

Heft 9:
Prälat Prof. Dr. G. Schreiber, Münster,
Iroschottische und angelsächsische Kultureinflüsse im Mittelalter

Heft 10:
Prof. Dr. P. Rassow, Köln,
Forschungen zur Reichsidee im 16. und 17. Jahrhundert

Heft 11:
Prof. Dr. H. E. Stier, Münster,
Roms Aufstieg zur Weltherrschaft

Heft 12:
Prof. Dr. D. K. H. Rengstorf, Münster,
Zum Problem der Gleichberechtigung zwischen Mann und Frau auf dem Boden des Urchristentums
Prof. Dr. H. Conrad, Bonn,
Grundprobleme einer Reform des Familienrechts

Heft 13:
Professor Dr. Max Braubach, Bonn,
Der Weg zum 20. Juli 1944 — Ein Forschungsbericht

Heft 14:
Prof. Dr. Paul Hübinger, Münster
Das deutsch-französische Verhältnis und seine mittelalterlichen Grundlagen

Heft 15:
Prof. Dr. Franz Steinbach, Bonn,
Der geschichtliche Weg des wirtschaftenden Menschen in die soziale Freiheit und politische Verantwortung

Heft 16:
Prof. Dr. Josef Koch, Köln,
Die Ars coniecturalis des Nikolaus von Cues

Heft 17:
Dr. James B. Conant,
U.S.-Hochkommissar für Deutschland,
Staatsbürger und Wissenschaftler
Prof. Dr. D. Karl Heinrich Rengstorf, Münster,
Antike und Christentum

Heft 18:
Prof. Dr. Richard Alewyn, Köln,
Klopstocks Publikum

Heft 19:
Prof. Dr. Fritz Schalk, Köln,
Das Lächerliche in der französischen Literatur des Ancien Régime

Heft 20:
Prof. Dr. Ludwig Raiser, Bad Godesberg,
Präsident der Deutschen Forschungsgemeinschaft
Rechtsfragen der Mitbestimmung

Heft 21:
Prof. D. Martin Noth, Bonn,
Das Geschichtsverständnis der alttestamentlichen Apokalyptik
Prof. Dr.-Ing. Wilhelm Fucks, Aachen
Einige Probleme aus der Theorie des Sprechens, der Sprachen und des Sprechstils in mathematischer Behandlung

If you have any concerns about our products,
you can contact us on
ProductSafety@springernature.com

In case Publisher is established outside the EU,
the EU authorized representative is:
Springer Nature Customer Service Center GmbH
Europaplatz 3, 69115 Heidelberg, Germany

Printed by Libri Plureos GmbH
in Hamburg, Germany